人氣餐酒館
海鮮料理烹調絕技

瑞昇文化

CONTENTS

閱讀本書之前

● 海產類食材的味道會因為季節、養殖場、大小等差異而有不同。食譜和烹調時間僅供參考，敬請依照食材的狀態斟酌活用。

● 烹調步驟所標記的加熱時間與加熱方法，皆是依照各店家使用的烹調器具所做的設定。

● 刊載的食譜當中也有包含季節限定的食材。有時可能出現店家沒有提供該料理的情況，敬請理解。

● 材料份量所標示的「1盤」未必是1人份。另外，標記為「適量」、「少量」的食材，也請一邊確認情況，自行斟酌份量。

● 本書介紹的店家資訊、菜單內容為2023年2月底的資料。

擴大海鮮料理的全新魅力與可能性

四面環海的日本擁有各式各樣的海產資源，
對日本人來說，海產可說是垂手可得的食材。
白肉魚、紅肉魚、青魚、魷魚、章魚、蝦、蟹、貝類等，不僅種類豐富，
甚至，一年四季，各個季節都有不同種類的時令魚。
對饕客來說，
時令風味可說是海產料理的最大魅力所在。
而海鮮食材的魅力則是不論是前菜或是主菜，
隨時都能夠以不同的多變樣貌上桌，
同時，還能表現出強烈的季節形象。
甚至，豐富魚種的極大魅力便是
全年都能夠提供多變且豐富的料理。

另外，近年來出現了不少以海鮮料理作為招牌菜的小酒館，
進一步擴大了海鮮料理的全新魅力與可能性。
本書邀請九位以海鮮料理為賣點的小酒館主廚，
分享他們的海鮮處理方法、
調理的構思與技巧，以及食譜。
書中刊載的82道技術超群的海鮮料理，
有些細膩、有些粗曠，蘊藏了許多主廚創意與技巧磨練。
若能作為料理開發與調味的參考，那將是本書的最大榮幸。

九位名廚的海鮮處理手法與82道美味食譜

テンキ
亀谷　剛

YOSHIDA HOUSE
吉田佑真

Fresh Seafood Bistro SARU
渡部　雄

yerite
石飛輝久

mille
千葉稔生

La gueule de bois
布山純志

PEZ
石濱　綾

Umbilical
小野貴裕

BISTRO-CONFL.
阿部兼二

テンキ

龜谷主廚所追求的海鮮料理是，「即便是不愛吃海鮮的人，也能夠毫無壓力品嚐的天然味道」。他的做法是，透過鹽漬等方法誘出海鮮本身的鮮味，同時再層疊上植物的鮮味，製作出「讓人難以抗拒的味道」。

龜谷主廚表示，「海鮮可透過殺菌加熱鎖住鮮味，同時還能提高保存性。可以長時間維持生海鮮本身的瞬間好球帶」，因此，他也非常重視殺菌加熱的環節。例如，「鮑魚時蔬塔塔」的鮑魚。把一個個鮑魚和酒、昆布一起真空包裝，並進行殺菌加熱。肝臟也一樣，只要用酒蒸的方式殺菌加熱，再進一步過篩，就能更容易製作成醬汁。醬汁的基底是青海苔和大和芋、豆漿優格，全都是植物性食材。加上切片的魚肉和過篩的肝臟，然後再和微型小黃瓜或毛豆等夏季蔬菜混拌。再進一步加上發酵的西瓜萃取或紫蘇油，製作出更複雜的風味。主角是鮑魚，不過，只要和

蔬菜或發酵食品加以搭配組合，就能創造出海鮮所沒有的個性風味。

章魚和番茄的絕配組合「章魚香辣脆片」也是採用相同的法則。章魚真空包裝後，進行7小時的殺菌加熱。把殺菌加熱所產生的章魚精華和鎖住番茄鮮味的番茄泥混合在一起，製作成醬汁，製作出更濃郁的鮮味。麵衣採用的香草麵包粉添加了搗碎的碎屑小麥餅和腰果，可同時品嚐到麵衣的酥脆口感和章魚的彈牙咬勁。

2023年開幕的『テンキ』是以天婦羅和白酒為概念。不過，雖說是天婦羅，但是，實際形象就跟テンキ所開發的招牌菜「炸蝦天婦羅」一樣，形象和一般的天婦羅完全不同。用蝦子夾住以寒天凝固的美式醬汁，再用以芝麻醬、魚醬增添風味的魚漿包裹起來，放進油鍋裡面酥炸。麵衣是利用番茄粉染色的炸麵衣。炸得酥脆的「炸蝦天婦羅」就搭配以白酒醋、白酒、香草熬煮而

海鮮的鮮味╳植物的鮮味。
天然且充滿個性的味道！

照片右）『KAMERA』利用熟成等法式料理技巧誘出食材鮮味的燒賣十分受歡迎。亞洲的街頭美食和法式料理的結合，正是主廚最擅長的部份。照片下）因為站著喝而使店內氣氛格外熱絡的『KAMERA』。轉個彎則是可以享受「炸蝦天婦羅」那種獨創炸物與白酒的『テンキ』。

主廚　龜谷　剛

在法國料理的名店『Sucré Salé』修業後，前往法國進修。在法式料理與西班牙料理的餐廳累積3年的工作資歷。2014年在三軒茶屋開設『Bistro Rigole』。2021年開設熟成燒賣和烏龍茶店『KAMERA』，2023年開設以天婦羅和白酒為概念的『テンキ』。展現出超越法式料理框架的活躍。

成的濃醇香草醬一起品嚐。宛如法式料理般的每道料理，建議搭配符合料理個性的白酒一起品嚐。

龜谷主廚也會經常四處探尋新的食材，同時也會親自拜訪生產者，採購各種入菜用的食材。「信州大王紅點鮭」、「五膳貪的蓮藕泥」等，就是在那樣的邂逅下所開始使用的食材。他始終相信自己的感性與食材之間的緣份，同時更積極致力於新菜色的開發。

SHOP DATA
■住址／東京都渋谷区桜丘町29-27 2F
■TEL／03-6427-0503
■營業時間／17:00～24:00
■公休日／不定期
■客單價／6000～8000日圓

信州大王
紅點鮭冷盤
佐芒果辣醬

只要與全國各地的生產者密切聯繫，就能發現全新食材。信州大王紅點鮭也是在那種機緣下被開發成料理的食材。運用大型雨紅點鮭沒有魚腥味、適合生吃的特性，將其製作成冷盤。搭配醃泡後變得口感略帶黏膩的完熟酪梨，同時再佐以甜辣滋味的芒果辣醬。

鮑魚時蔬塔塔

有趣的擺盤令人印象深刻。把低溫殺菌加熱的鮑魚和條石鯛、毛豆、小黃瓜等夏季蔬菜放進模型裡。上面再塞滿紅色秋葵。兩種顏色的醬汁是發酵的西瓜萃取和紫蘇油。利用蔬菜的清脆口感和帶有隱約香氣的西瓜，製作出清爽風味。

北海道產
鱈魚白子
佐血橙香醋

香醋的鮮豔橘色惹人矚目。靈感來
自日式料理的白子柚子醋，在柚子
醋裡面混入血橙汁，同時再用魚露
增添亞洲風味。白子快速汆燙後浸
泡鹽水，讓白子略帶些許鹹味。再
用金盞花的花瓣演繹出異國情調。

島根縣產
灰眼雪蟹和
小岩井農場的
蕪菁牛奶豆腐

善用灰眼雪蟹的濃郁鮮甜以及蕪菁的
柔嫩甜味，再以牛奶豆腐為基底，品
嚐鮮甜滋味。融入蕪菁的牛奶使用燕
麥奶，製作成素食風味。宛如義式奶
酪般的柔滑口感，讓人更能夠細細品
味食材的溫柔滋味。

信州大王
紅點鮭冷盤佐芒果辣醬

▶信州大王紅點鮭

長野縣的品牌魚。體型比天然的紅點鮭更大，特色是可以生吃。醃泡之後，能增添肉質鮮味。抹上鹽巴和砂糖，確實抖掉多餘的調味料後，包上保鮮膜，放進冰箱醃泡6小時。

材料 〈1盤份〉

信州大王紅點鮭（醃泡）…50g
酪梨…1/4顆
芒果辣醬＊…適量
火蔥（切片）…5g
豆豉（乾燥）…適量
茼蒿葉、山椒粉、羅勒油…各適量

▌芒果辣醬

芒果果泥…60g　丁香昆布湯…60g
檸檬汁…10g　葡萄柚籽油…適量
楓糖漿…10g
自製辣油＊…4g
義大利鹽…4g
魚醬…10g
萊姆汁…10g
將所有材料放在一起，用手持攪拌器攪拌至柔滑狀態。

▌自製辣油

青蔥…100g
生薑（厚度5mm的切片）…40g
鷹爪辣椒（對半）…10g　花椒（整顆）…3g
沙拉油…450g　一味唐辛子…100g　水…30g
把青蔥、生薑、鷹爪辣椒、花椒、沙拉油放在一起加熱，沸騰後改用小火。把一味唐辛子和水放進碗裡混拌備用。青蔥變得酥脆後，將油過濾到一味唐辛子的碗裡，放冷備用。

作法

1. 擦乾醃泡大王紅點鮭的水分，切削成薄片。

2. 把大王紅點鮭擺放到盤子裡面，放上切成一口大小的酪梨，淋上芒果辣醬，撒上火蔥和豆豉。撒上茼蒿葉、山椒粉。最後再淋上羅勒油。

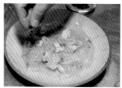

鮑魚時蔬塔塔

▶鮑魚

去掉外殼，取出鮑魚肉。把鮑魚肉、酒和昆布放進真空包裝裡面，用低溫烤箱殺菌加熱20分鐘左右。肝臟則用日本酒蒸煮，再進一步過篩。各自冷藏保存，客人點餐時再取出使用。

材料 〈1盤份〉

鮑魚肝（酒蒸）…1顆
鮑魚（殺菌加熱）…50g
條石鯛＊…20g
　　＊魚片切成薄片，撒鹽入味30分鐘。
鹽巴…適量
A
┌ 毛豆（水煮）…10g
│ 微型小黃瓜（薄片）…10g
│ 黑木耳（泡軟）…5g
└ 火蔥（細末）…10g
青海苔、大和芋、豆漿優格的醬汁＊…適量
紅秋葵（薄片）…10g　酢漿草…適量
西瓜萃取＊…適量　紫蘇油…適量

▌青海苔、大和芋、豆漿優格的醬汁

青海苔…5g　大和芋泥…100g
豆漿優格…1大匙
把青海苔、大和芋泥和豆漿優格混在一起。利用自製豆漿優格的酸味來增添鮮味。

▌西瓜萃取

西瓜去掉種籽，加鹽巴，用攪拌機攪拌，在常溫下發酵1星期左右。製成真空包裝後，冷凍保存。透過發酵，讓西瓜的甜味更添複雜滋味。

作法

1. 把鮑魚肝放進碗裡搗碎，放入切片的鮑魚和條石鯛、A材料，再倒入青海苔、大和芋、豆漿優格的醬汁混拌，用鹽巴調味。

   Point

   利用豆漿優格，在鮑魚肝的苦味和濃郁當中增添清爽的酸味。

2. 把模型放在盤內，把1的食材塞進模型裡面，上面再鋪滿紅秋葵。撒上酢漿草，淋上西瓜萃取和紫蘇油，把模型拿掉。

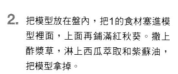

北海道產鱈魚白子
佐血橙香醋

▶鱈魚白子

去除粗血管後，清洗乾淨，切成容易食用的大小。放進1%的鹽水裡面浸泡30分鐘後，去除黏液，用70～80℃的熱水烹煮1分鐘。浸泡冰水，讓口感變得硬脆後，放進1%的鹽水裡面浸泡，冷藏保存。

材料 〈1盤份〉

白子…3塊
血橙香醋＊…適量
金盞花的花瓣…適量
鹽之花、EXV.橄欖油…各適量

▌血橙香醋

血橙汁…150g
高湯昆布…5g
A
　鹽巴…2g
　小魚乾粉…5g
　迷迭香、鷹爪辣椒…各1支
　魚露…30g
　萊姆汁…20g

把高湯昆布放進血橙汁裡面浸泡20分鐘，加入A材料後煮沸。煮沸後，關火，用鋪有廚房紙巾的濾網過濾。盆底接觸冰水，讓材料冷卻，同時再加入萊姆汁。

作法

1. 從鹽水裡面取出白子，去除水分，裝盤，淋上血橙香醋，撒上金盞花的花瓣。在白子上面撒上鹽之花，淋上EXV.橄欖油。

Point

浸泡鹽水，就能預防白子脫水，同時也能提高保存性。也能讓白子帶有鹹味。

島根縣產灰眼雪蟹和
小岩井農場的蕪菁牛奶豆腐

▶灰眼雪蟹

因為漁期有所限制，所以稀有性也很高。用水清洗乾淨後，用2%的鹽水烹煮10分鐘。把蟹肉撕散，同時搭配使用帶有濃醇甜味的蟹膏或蟹黃、帶有顆粒口感的蟹卵。

材料 〈備料量〉

▌蕪菁牛奶豆腐

蕪菁（薄片）…200g
燕麥奶…350g
鹽巴…1撮
明膠片…4g
豆漿奶油＊…適量
　＊以豆漿1、太白芝麻油2的比例，逐次少量混合，用手持攪拌器打發成奶油狀。

1. 把切成薄片的蕪菁和燕麥奶放進鍋子，加入鹽巴，開火加熱。

2. 蕪菁變軟爛後，用攪拌機攪拌，倒進鍋裡，加入用水泡軟的明膠片，明膠片融化後用細網格的濾網過濾。盆底接觸冰水，偶爾攪拌，一邊讓材料冷卻。冷卻後，混入豆漿奶油，倒進模型裡面，冷卻凝固。

烹調＆擺盤

〈材料〉1盤份
　灰眼雪蟹（把煮熟的蟹肉和蟹黃、蟹卵混在一起）…適量
　蕪菁牛奶豆腐（用模型製成的豆腐）＊…1塊
　EXV.橄欖油…適量

1. 把蕪菁牛奶豆腐從模型內取出裝盤，擺上灰眼雪蟹，淋上EXV.橄欖油。

香煎隱岐產角蠑螺和
天然野茸
佐五膳貪的蓮藕泥

爽脆的角蠑螺和酥鬆的秀珍菇，齒頰留香。巧妙結合鮮味滿溢的海產與山產食材。蓮藕泥使用千葉縣鴨川無農藥
栽培的五膳貪「大地蓮藕」，讓人充分感受大自然的恩惠。

材料 〈1盤份〉

角蠑螺…50g　秀珍菇…50g
橄欖油…20ml
小魚乾昆布高湯…20ml
蒜頭（細末）、火蔥（細末）、
　巴西里（細末）…各適量
鹽巴…適量　蓮藕泥＊…適量
蓮藕脆片＊…適量
　＊切片，把水瀝乾，直接乾炸。

豆豉（海軍豆）＊…適量

▍蓮藕泥

蓮藕切成適當大小後，水煮。蓮藕稍微
變軟後，放進攪拌機內，一邊加入太白
芝麻油，一邊攪拌至柔滑狀，用鹽巴調
味。冷藏保存。

▍豆豉

準備黑豆製成、海軍豆製成的2種豆
豉。蒸煮後，混入麴，在30℃下進行
發酵，經過3～4天後，放進鹽水裡浸
漬1～2小時，放置乾燥。

▶角蠑螺

使用隱岐島直送的帶殼角蠑螺。在帶殼
狀態下，用日本酒進行酒蒸，取出螺肉
後，清洗乾淨，再切成適當大小。

作法

1. 把袖珍菇撕成容易食用的
大小。用平底鍋加熱橄欖
油，放入秀珍菇和角蠑螺
煎煮，產生水分後，放入
蒜頭、火蔥、巴西里拌
炒，慢慢加入小魚乾昆布
高湯，用鹽巴調味。

2. 蓮藕泥加熱後，平鋪在盤
內，擺上1的食材，再層疊
上蓮藕脆片，周圍撒上海
軍豆的豆豉。

香草炸蝦天婦羅

把炸蝦天婦羅的元素重新組合。先用寒天凝固美式醬汁,然後用蝦肉將其夾在其間,最後再用添加了芝麻醬和魚醬的蝦漿包裹。用添加了番茄粉的麵衣炸出鮮艷顏色。帶有清爽香氣的香草醬,讓麵衣裡面的濃醇美式醬汁變得更加爽口。

▶草蝦

蝦子使用草蝦。蝦頭和蝦殼剁碎烹煮,製作成美式醬汁。部分去殼蝦則是製作成蝦漿。

作法 〈備料量〉

炸蝦天婦羅

去殼蝦…75g
A
　芝麻醬…1g
　越南魚露…1g
　鹽巴…適量
　楓糖漿…1.5g
　太白粉…1.5g
椰子油(融化的種類)…12g
葡萄籽油…6g
草蝦…4尾
鹽巴…適量
寒天美式醬汁＊…適量

寒天美式醬汁

用寒天把使用草蝦頭和殼製成的美式醬汁製作成固體狀。

備料

1. 把去殼蝦和A材料放進食物調理機裡面攪拌,變成細碎後,加入椰子油、葡萄籽油攪拌,放進冰箱冷藏備用。

Point

不要攪拌得太碎,藉此保留些許鮮蝦口感。

2. 草蝦留下蝦尾,去除外殼,從蝦背剖開蝦身,撒上些許鹽巴,把大小與蝦肉相差不多的寒天美式醬汁放在上面。

3. 蝦漿擀平,把2的蝦肉放在中央,將整體包裹成圓形,放進冰箱冷藏至營業時段。

麵衣

炸粉(玉米粉、米粉、
　低筋麵粉混合而成)…50g
番茄粉…2g
乾酵母…2g
啤酒…適量

1. 把炸粉、番茄粉和乾酵母混在一起,加入啤酒充分混拌,蓋上蓋子,讓材料發酵。

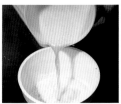

┃香草醬

A
　白酒醋…200g
　白酒…200g
　火蔥（細末）…120g
　綜合香草＊…120g
　　＊蒔蘿、茴香芹、平葉洋
　　　香菜切碎後混合。
　木犀草醬（黑胡椒）…2g
蛋黃…2顆
水…45g
葡萄籽油…適量
番茄果泥…60g
鹽巴、白胡椒…各適量

1. 把A材料放進鍋裡混拌，開
　火烹煮至水分收乾的程度。

2. 把蛋黃和水、1的材料放進
　高鍋裡混拌，一邊隔水加
　熱，一邊用手持攪拌器攪
　拌。拌勻後，慢慢加入葡萄
　籽油，讓材料乳化。

Point
番茄果泥預先加熱，是為
了使溫度一致。

3. 呈現柔滑狀態後，把高鍋從
　火爐上移開，加入預先溫熱
　的番茄果泥，用鹽巴、白胡
　椒調味，用手持攪拌器攪
　拌，再用過濾器過濾。

┃烹調＆擺盤

〈材料〉1盤份
炸蝦天婦羅＊…1尾
撲粉…適量
麵衣＊…適量
炸油…適量
辣椒粉…適量
香草醬＊…適量

1. 炸蝦天婦羅裹上撲粉，再裹
　上麵衣，放進160～170℃
　的油鍋裡，酥炸2分鐘後，
　從油鍋內取出，靜置2分
　鐘。再次放進170～180℃
　的油鍋裡炸1分鐘，把油瀝
　乾，撒上辣椒粉。

Point
分成兩次炸，也能利用餘
熱讓內層慢慢熟透。

2. 把香草醬鋪在盤內，放上炸
　蝦天婦羅。

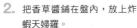

燉煮北魷與牛雜

由法國南部港町「塞特」的燉煮魷魚料理改良而成，以魷魚的Q彈咬勁為重點，再層疊搭配煎炸酥脆的牛雜，一次享受兩種不同的口感。魷魚的肝臟也經過仔細熱炒，讓濃郁香氣確實融入燉煮。利用3種不同的唐辛子，讓辣味更具層次，風味更顯複雜。

▶北魷

在避免傷害到肝臟的情況下，把內臟和口足部分切開。身體用水清洗，撕開魷魚鰭，剝除外皮，切成細條。把肝臟從內臟中卸除。口足部去除眼睛和嘴巴，充分清洗乾淨，將魷魚腳切下。

材料 〈備料量〉

▍燉煮北魷

北魷（已處理）…2尾
北魷的肝臟…2尾
橄欖油…適量
蒜頭（細末）…20g
埃斯普萊特辣椒…5g
洋蔥（細末）…250g
香草莖（細末）…適量
白酒…適量
鹽巴…適量
煙燻紅椒粉、辣椒粉…各5g
整顆番茄（用攪拌機攪拌、
　過濾）…600g

＊辣椒粉、煙燻紅椒粉、埃斯普
萊特辣椒

　除了辣椒粉之外，再進一步
混入帶有高湯感的西班牙產煙
燻紅椒粉、辣味溫和的巴斯
克產埃斯普
萊特辣椒，
就能烹調出
更複雜的風
味。

▍煎炸牛肚

牛肚（烹煮後切成細條）
　…50g
低筋麵粉…適量
橄欖油…適量
鹽巴…適量

烹調＆擺盤

〈材料〉1盤份
燉煮北魷＊…100g
煎炸牛肚＊…50g
橄欖粉＊…適量
EXV.橄欖油…適量
芫荽幼苗…適量

▍橄欖粉

綠橄欖乾燥後，用攪拌機攪
拌。用來增添香氣與鹹味。

備料

1. 橄欖油用鍋子加熱，加入蒜
頭、埃斯普萊特辣椒，讓辣
味釋放到油裡面。整體呈現
焦黃色後，倒入洋蔥和香草
莖拌炒，蓋上鍋蓋燜煮。

Point

慢火燉煮，誘出洋蔥的甜味。

2. 烹煮10分鐘後，加入魷魚的
肝臟，確實拌炒。肝臟的油
脂分離後，倒入白酒，讓酒
精揮發，一邊刮除焦黑的部
分，一邊翻炒。加入煙燻紅
椒粉和辣椒粉混拌。

Point

大火翻炒，直到肝臟的水
分揮發殆盡，藉此消除腥
味。

3. 用另一個平底鍋加熱橄欖
油，倒入處理好的魷魚翻
炒，撒上鹽巴，倒入2的食
材。慢慢把水倒入，溶出翻
炒平底鍋的鮮味後，將所有
材料倒進鍋裡。加入整顆番
茄，煮沸後，蓋上鍋蓋，燉
煮20分鐘。

Point

牛肚的酥脆替軟Q彈牙的魷
魚增添新穎口感。

1. 牛肚抹上麵粉，放進用大量
橄欖油熱鍋的平底鍋裡面，
進行煎炸。水分揮發，呈現
酥脆後，用濾網撈起，把油
瀝乾，放在廚房紙巾上面，
將油吸乾，撒上些許鹽巴。

1. 把燉煮北魷放進鍋裡加熱。

2. 把圓形圈模放在盤子中央，
把1的北魷塞進模型，上方
擺放煎炸牛肚，拿掉模型，
撒上橄欖粉，淋上橄欖油，
再放上芫荽幼苗裝飾。

唐多里褐菖鮋佐蒜味辣椒油

把日式的西京漬、印度的唐多里烤雞和義式的蒜味辣椒油加以融合。把褐菖鮋的魚肉製成真空包裝，讓咖哩粉和優格風味慢慢滲入，使肉質變得柔軟、濕潤。蒜味辣椒油加入小魚乾高湯，藉此讓佐料的風味與魚肉更加契合。

材料 〈備料量〉

▌醃泡褐菖鮋

褐菖鮋（魚片）⋯1片
醃料
| 咖哩粉⋯2g　鹽巴⋯7g
| 蜂蜜⋯20g　優格⋯200g

備料

1. 把醃料的材料放在一起，用手持攪拌器攪拌。把廚房紙巾攤開，放上切成魚片的褐菖鮋，確實包裹。接著放進真空包裝用的塑膠袋裡面，倒入醃料，製作成真空包裝後，放進冰箱醃泡一晚。

▶褐菖鮋

魚肉Q軟彈牙，同時也充滿鮮味。尤其皮下部分的鮮味更是濃郁。因為魚鱗十分堅硬且附著緊密，所以要確實刮乾淨，製作成帶皮的魚片。

烹調&擺盤

〈材料〉1盤份

褐菖鮋（醃泡）⋯1片
高筋麵粉⋯適量
橄欖油⋯適量
蒜味辣椒油
| EXV.橄欖油⋯20g
| 蒜頭（細末）⋯5g
| 埃斯普萊特辣椒⋯2g
| 巴西里（細末）⋯5g
| 檸檬汁⋯3g
| 小魚乾高湯⋯20g
綜合香草（薄荷、平葉洋香菜、蒔蘿）⋯適量

1. 從醃料裡面取出褐菖鮋，擦乾水分。切齊邊緣後，切成3等分，在兩面撒上些許麵粉，在魚皮上面切出2條刀痕，避免魚皮掀開。

2. 把橄欖油倒進平底鍋，用小火加熱，魚皮朝下，放進鍋裡，一邊按壓煎炸，避免魚皮掀開。魚皮呈現酥脆後，翻面，起鍋後放在鐵網上。

3. 把EXV.橄欖油、蒜頭和埃斯普萊特辣椒放進平底鍋，開火加熱，蒜頭變色後，把平底鍋從火爐上移開，加入巴西里，擠入檸檬汁。加入小魚乾高湯，讓湯汁稠化。

4. 魚皮朝上，把褐菖鮋放進3的醬汁裡加熱，把醬汁澆淋在魚肉上面。裝盤，淋上醬汁，擺上綜合香草。

Point

小魚乾高湯是用小魚乾粉製成。也可以用魚高湯取代。

Point

為避免破壞魚皮的香氣和口感，醬汁採用澆淋的方式裹上。

沙丁魚的地中海風味大鍋飯

以經過鹽漬→醃泡工程，再仔細燒烤的沙丁魚作為主角，再進一步加上茴香香甜氣味的大鍋飯。白米拌入烤過的沙丁魚骨和昆布、鰹魚高湯、番茄醬，炊煮出鮮味濃郁的米飯。味覺重點是混在米飯裡面的葡萄乾，以及添加了腰果的麵包粉。

▶沙丁魚

因為很快就劣化，所以採購到貨後，就會馬上進行處理、醃泡。剛開始要用鹽巴和砂糖進行鹽漬，去除多餘的水分和腥味。魚骨則用來熬湯。

材料 〈備料量〉

▌醃泡沙丁魚

沙丁魚（魚片）…10片
鹽巴、砂糖…各適量
羅勒醬、哈里薩辣醬…各適量

▌沙丁魚高湯

沙丁魚的中骨…15尾
鰻魚（細末）…30g
昆布高湯…1kg

烹調 & 擺盤

〈材料〉1盤份
醃泡沙丁魚＊…3尾
義大利米…60g
大蒜油＊…適量
茴香莖（細末）…2大匙
蔥和洋蔥（細末）…1大匙
葡萄乾（粗粒）…1小匙
番茄醬…50ml
沙丁魚高湯＊…150ml
水…50ml　番紅花…少量
香草麵包粉＊…適量
茴香葉…適量

備料

1. 以3匙鹽巴、1匙砂糖的比例，把鹽巴和砂糖混在一起，均勻撒在調理盤內，接著排放沙丁魚，魚皮朝下，魚肉部分也撒上些許鹽巴和砂糖，靜置入味2～3小時，進行鹽漬。鹽巴的用量大約是沙丁魚重量的1.3%。

2. 鹽漬完成後，擦掉沙丁魚的水分，在羅勒醬裡面混入少量的哈里薩辣醬，塗抹在魚肉上面，緊密覆蓋上保鮮膜，放進冰箱醃泡備用。

1. 把沙丁魚的中骨浸泡在流動的水裡面，洗掉血塊，擦乾水分，用烤箱烤酥。

2. 鰻魚乾炒，水分揮發後，把1和昆布高湯倒進鍋裡，開火烹煮20分鐘左右。過濾後使用。

Point

在高湯裡面混入鰻魚，讓風味更加濃郁。

▌香草麵包粉

把麵包粉、烤過的腰果、哈里薩辣醬、巴西里混在一起，用食物調理機攪拌。

▌大蒜油

把帶皮大蒜放進橄欖油內烹煮，增添風味。

1. 把義大利米放進大鍋，淋入大蒜油翻炒。油裹滿整體後，加入茴香、蔥、洋蔥和葡萄乾拌炒，加入番茄醬、沙丁魚高湯、水、番紅花混拌，約加熱8分鐘。

2. 把醃泡沙丁魚的水分擦乾，用瓦斯噴槍炙燒魚皮，然後擺放到1的上方，用160℃的烤箱烤12～13分鐘。接著，暫時取出，撒上香草麵包粉後，再烤2分鐘。

3. 出爐後，放上茴香葉。

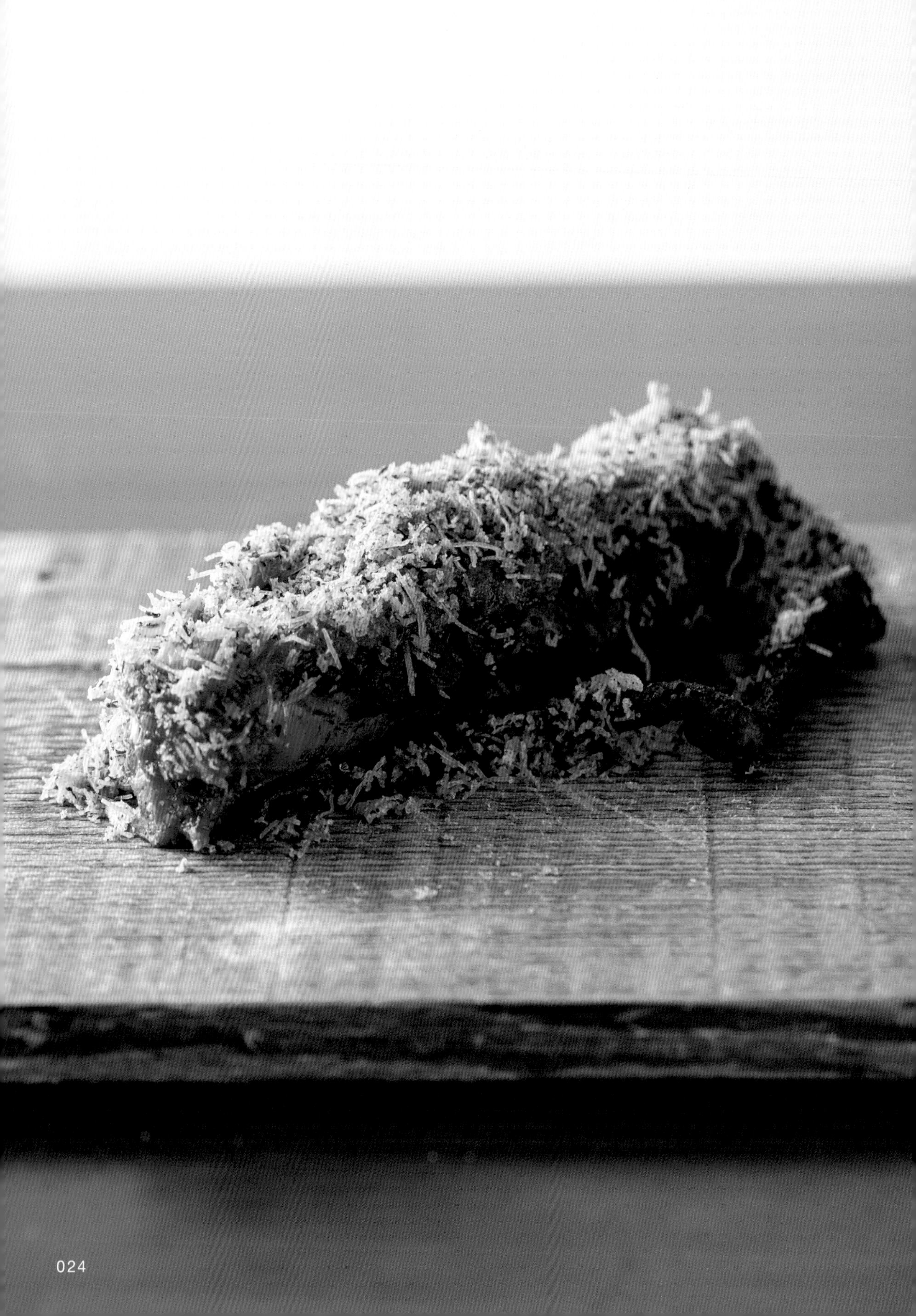

章魚香辣脆片

運用章魚Q彈和脆片酥鬆的對比口感，讓料理更顯魅力。章魚用低溫蒸氣烤箱慢火炙烤7小時。脆片則是添加了碎屑小麥餅、腰果和辛香料的香草麵包粉。中間夾上用番茄泥和章魚汁製成的濃醇醬汁，讓風味更適合下酒菜。

▶章魚

先冷凍，再解凍。搓鹽，仔細去除髒污，烹煮出鮮豔顏色後，將整條章魚腳分成小塊。

材料 〈備料量〉

▌章魚的低溫料理

章魚腳…1條
辣椒粉、牛至、迷迭香…各適量

備料

1. 把章魚腳的水分擦乾，抹上辣椒粉、牛至、迷迭香，進行真空包裝後，冷藏醃泡一個晚上。
2. 在真空包裝的狀態下，在70℃100%的低溫蒸氣烤箱內放置7小時。

   Point

   為了保留章魚的彈牙口感，用低溫慢火烘烤，避免破壞纖維。

▌章魚番茄醬

章魚汁…50ml
番茄泥＊…50g
  ＊番茄用攪拌機攪拌後過濾，再進一步熬煮。
辣椒粉、牛至、鹽巴…各適量

1. 把低溫烹調時，從章魚腳上面冒出的章魚汁加以熬煮，再加入番茄泥、辣椒粉、牛至，最後用鹽巴調味，製作成醬汁。

烹調 & 擺盤

〈材料〉1盤份
章魚腳（低溫烹調）＊…1條
鹽巴…適量
章魚番茄醬＊…適量
脆片＊…適量

▌脆片

碎屑小麥餅（烘烤後壓碎）…適量
腰果（烘烤後切碎）…適量
香草麵包粉（用食物調理機等機器，把麵包粉、迷迭香、巴西里、牛至、辣椒粉、蒜頭攪碎）…適量
把所有材料混在一起。在碎屑小麥餅的酥鬆感、腰果的硬脆口感當中混入香辛料，變身成更有存在感的脆片。

1. 用烤箱加熱章魚腳，撒上鹽巴，把章魚番茄醬擠在上面，再撒上大量的脆片。用160℃的烤箱把表面烤至酥脆程度，裝盤。

炸燻製星鰻佐無花果

把星鰻製成炸物，確實誘出魚肉的鮮味。先用鹽漬的方式鎖住鮮味，再利用燻製增添煙燻香氣。混入墨汁的麵衣也十分吸睛，搭配梅肉與焦糖化洋蔥製成的特色醬汁也相當速配。沉穩的無花果甜味更是完美契合。

▶星鰻

使用價格方面比一般星鰻更優惠的大星鰻（約800g）。為了補強魚肉的硬度與清淡，在魚肉的兩面撒上鹽巴，放進冰箱鹽漬一晚。

材料 〈1盤份〉

大星鰻（鹽漬）…50g×2塊
櫻花木屑…適量
麵衣…適量
玉米粉、低筋麵粉、米粉
　…各適量
墨汁…適量
啤酒…適量
撲粉（高筋麵粉）…適量
炸油…適量
焦糖洋蔥梅肉醬＊…適量
　＊把焦糖化的洋蔥和梅肉、
　　生薑放進攪拌機攪拌，裝
　　進擠花袋備用。
無花果（切成對半）…1/2個
花椒粒…適量
八角的芽菜…適量

作法

1. 先把鹽漬的星鰻放進冷凍庫，讓溫度下降。

Point
預先冷卻，就能在燻製的時候，避免魚肉受熱。

2. 把櫻花木屑放進中華鍋裡面加熱，從冷凍庫取出星鰻，放在鐵網上面，蓋上蓋子，燻製20秒左右。關火，就這樣直接靜置入味40秒左右。

 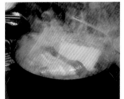

3. 取出星鰻，先以2～3mm的間隔切斷魚刺，然後再切出1塊50g的份量，一邊修整形狀，將魚肉插在金屬扁籤上面。

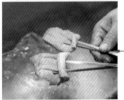

Point
星鰻的魚骨比較柔軟，所以不需要費心除刺。從魚皮之間插入金屬扁籤，藉此製作出立體感。

4. 把玉米粉、低筋麵粉和米粉過篩混合，加入墨汁，再用啤酒溶解粉末。在3的星鰻上面撒上撲粉，裹上麵衣，放進180℃的油鍋裡面炸。麵衣熟透後，暫時取出，靜置入味2分鐘後，再次放進油鍋，炸至酥脆程度。

Point
魚肉略有厚度，所以也可以利用餘熱，分兩次下鍋油炸，讓內部確實熟透。

5. 把油瀝乾後，擠上大量的焦糖洋蔥梅肉醬。放進鋪了紙的容器裡面，放上無花果，撒上花椒粒，再裝飾上八角的芽菜。

YOSHIDA HOUSE

東京・
廣尾

開業已經4年。在確立自己心目中的理想店家形象後正式獨立，之後，靠著實現自我理想的小店擄獲眾多顧客的心，最終成為一位難求的人氣名店。希望每位顧客都能有家的感受，所以把店命名為『YOSHIDA HOUSE』。漆黑外牆上的一盞明燈，正用那讓人想駐足停留的溫暖，迎接著每一位造訪小店的顧客。

料理主要由小碟前菜（500日圓起）、前菜（1000日圓起）、主菜（2000日圓起）所構成。招牌料理「燻製章魚佐蛋黃醬」、「海鮮蔬菜Meli Melo沙拉」、「頑固一徹馬賽魚湯」大多都是海鮮料理。除此之外，兩人共享仍綽綽有餘的大量肉類料理也非常受歡迎。為了更懂魚、更了解如何採買優質漁獲，主廚曾經到鮮魚店工作一年。甚至，在『レストランキノシタ』擔任副主廚的期間，也經常和木下主廚一起前往築地市場採買。

當時所養成的習慣，至今仍然未曾改變。吉田主廚固定每星期會前往豐洲市場2次，採買海鮮和蔬菜。親自前往市場採買，不僅能找到當季食材，偶爾還能發現價格十分優惠的食材。「好的食材，價格當然就會比較高。不過，我還是希望透過親自採買的方式，努力尋找便宜又美味的食材」，吉田主廚認為，不同於餐廳，小酒館的攻略就該從採買開始做起。同時，吉田主廚也表示，他不會到特定的店家採買，而是會不斷地在市場內來回走動。因為這樣才有機會發現過去未曾買過的食材。這同時也能為季節的新菜單開發帶來靈感。

採購回家的海鮮會在當天集中處理。青魚也會在做好預先處理後，以真空包裝的方式密封保存，如此就能讓食材維持良好狀態約2～3天。快速預先處理的魚也會採用醃泡、昆布漬、油封等提高保存性的烹調法，藉此誘出更多的食材鮮

採購自豐洲。享受當季海鮮
提供性價比極高的廚師技巧

照片右）各種口感，不管是清淡還是濃烈，應有盡有。杯裝有紅白各3種，瓶裝有紅白各15種種類。
照片下）一定要預約才有座位的名店。舒適的空間，讓人流連忘返。有許多回頭客。深夜時段也經常被當成紅酒酒吧。

主廚 吉田佑真

熊本出身。在當地投入料理的世界，並在都內知名的法國餐廳累積修業經驗。因為「希望對魚有更深的認識」而到鮮魚店工作一年。之後，再次返回料理的世界，在『レストランキノシタ』擔任副主廚，在表參道的小酒館擔任主廚，之後，在2019年1月開設『YOSHIDA HOUSE』。

味。如果有剩餘不用的雜碎魚肉和魚骨、魚頭，則會馬上把血塊清洗乾淨，趁還沒有產生腥味的時候，放進冷凍庫裡面保存，用它來烹製法式馬賽魚湯的高湯。另外，使用大量海鮮入菜的馬賽魚湯或Meli Melo沙拉等，會平均使用當天現有的海鮮，盡量避免浪費。

除了固定的海鮮料理菜單之外，使用在市場買到的當季海鮮入菜的料理菜單則會隨時更新。夏季帶有柑橘酸甜滋味的「毛蟹煎蛋捲」或是冬季放在溫熱的鑄鐵鍋裡面上桌的「麥年白子」等，能夠清楚傳達季節性的菜單，充滿喚醒顧客當前食慾的魔力。所以自然就會想定期造訪這間店吧！

SHOP DATA

■住址／東京都渋谷区広尾5-20-5
■TEL／03-5860-2139
■營業時間／18:00～凌晨2:00
■公休日／星期日
■客單價／7000～8000日圓

三鮮冷盤

由鯛魚、干貝、峨螺3種海鮮所組成，讓新鮮的食材散落在盤內的各處，不論從哪裡下手都很美味。鯛魚採用昆布漬、峨螺快速香煎，引誘出各自的食材美味。除了海鮮之外，還有大量的紫洋蔥、芽菜和香草。最後再裹滿鰻魚和橄欖製成的濃郁沙拉醬，使整體的美味更具魅力。

材料 〈1盤份〉

鯛魚（昆布漬）…1/4尾
峨螺（清洗乾淨）…2顆
干貝（清肉）…3個
橄欖油…適量
鹽巴…適量
紫洋蔥（薄片）、裂葉芝麻菜
　…各適量
油醋＊…適量
檸檬汁、羅勒泥＊、鰻魚橄欖沙
　拉醬＊、EXV.橄欖油…各適量
青紫蘇、茴香芹、蒔蘿、紅蓼
　葉、魔力紅（芽菜）…各適量

油醋

紅酒醋…80g
砂糖…8g
鹽巴…4g
純橄欖油…90g
沙拉油…90g
把所有材料混合在一起。

羅勒泥

羅勒葉…200g
橄欖油…100g
松子…30g
把所有材料放進攪拌機，攪拌至
柔滑程度。

作法

1. 昆布漬的鯛魚用廚房紙巾擦乾水分，菜刀放倒橫切，把魚肉削切成薄片。

2. 峨螺切成薄片，用橄欖油快速香煎，再用廚房紙巾吸乾油分。

Point

稍微加熱，就能釋放出肉質的甜味。如果太熟，反而會失去生感，所以要快速煎過。

3. 干貝切掉邊緣堅硬的部分，朝水平方向切成薄片。

4. 先鋪上紫洋蔥，然後撒上鹽巴，淋上EXV.橄欖油，撒上裂葉芝麻菜，再淋上油醋。

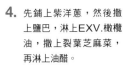

5. 均勻擺放鯛魚、干貝和峨螺，在鯛魚和干貝的上面撒上些許鹽巴。

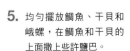

6. 淋上檸檬汁、羅勒泥、鰻魚橄欖沙拉醬、EXV.橄欖油，撒上撕碎的青紫蘇、茴香芹、蒔蘿、紅蓼葉、魔力紅。

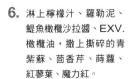

三鮮冷盤

採購活締處理的真鯛。送到店裡之後，馬上摘除魚鰓和內臟，用流動的水清洗乾淨後，把水分確實擦乾。魚肉採用昆布漬，剩餘的雜碎魚肉和魚骨就當成魚高湯的材料。

備料

‖ 鯛魚昆布漬

真鯛…1尾　昆布…適量

1. 菜刀從胸鰭的側面切入，斜切開鰓蓋的部分，翻面，另一面也用相同方式切開，將頭完全切離。尾巴也要切掉。

2. 先切開下身。從腹部開始，菜刀在中骨的上方切入，切開腹部。背部同樣也是沿著中骨一路切開至背鰭，把上方的魚肉取下。

3. 切開上身。中骨朝下放置，從尾巴開始，把菜刀平貼在中骨上面，切開魚肉。切開至腹部後，改變魚的方向，沿著中骨，從背部切入，把魚肉切離。

Point

三片切的狀態。頭和中骨切成塊，泡水，去除血塊之後，進行冷凍。和其他的雜碎魚肉和魚骨放在一起，作為魚高湯的材料。

4. 削除魚肉上的腹骨。中骨的血合部分有堅硬的骨頭，要小心切除，魚皮也要去除。依照厚度分切成適當大小。

Point

分切成容易使用的份量後，再進行保存，出餐的時候就不容易造成浪費。預先依照厚薄程度進行分切。

5. 把分切的魚肉放在昆布上面，再重疊上另一片魚肉，然後再進一步疊上昆布。為了讓昆布的味道分布均勻，要盡可能重疊厚度相同的魚肉。

Point

昆布使用羅臼昆布的兩側邊緣部分。雖然形狀和厚度比較不一致，不過價格比一般昆布更便宜。昆布的邊角料本身也能獲得更有效的應用。

6. 真空包裝後，放進冰箱靜置入味3小時左右。

Point

製作昆布漬，然後再真空包裝，讓昆布的鮮味滲入魚肉。

7. 昆布漬完成後，把昆布拿掉，再次進行真空包裝，進行冷藏保存。

Point

如果浸漬太久，昆布的風味會變得太重，所以要先把昆布拿掉，再進行保存。

▍峨螺

去殼峨螺（灯台螺）…1kg

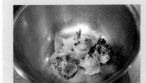

▶峨螺

雖然夏季的極短期間買不到，不過，整體來說，幾乎全年都可以買到。會依照季節不同，分別使用福島縣產、茨城縣產。

1. 用流動的水清洗峨螺表面的髒污，擦乾水分。

2. 切掉螺蓋後，縱切入刀，將左右切開。去除黏在內側的唾液腺和器官等部分。

3. 用大量的鹽巴搓揉，確實搓出髒污和黏液，再用流動的水充分清洗乾淨，去除髒污和鹽巴。

Point

Point

搓鹽清洗後的狀態。確實去除黏液和髒污後，肉質的口感和顏色也會變好。

4. 確實擦乾水分，進行冷藏保存。

▶鯷魚

在初春購入大量鯷魚。黑背沙丁魚鹽漬1～3個月後，把鹽巴沖洗乾淨，去除魚頭和中骨，切掉魚鰭。然後放進純橄欖油裡面浸漬，加入百里香、大蒜。味道比市售品更加天然。使用全年都採購得到的種類。

▍鯷魚橄欖沙拉醬

鯷魚＊…25g
蒜頭（切碎後，用油浸漬）…5g
白酒醋…120g
法國第戎芥末醬…12g
鹽巴…6g　精白砂糖…10g
黑橄欖…140～150g
沙拉油…410g　EXV.橄欖油…12g

1. 把蒜頭放進鍋裡加熱，產生香氣後，加入鯷魚拌炒，一邊壓碎鯷魚，一邊炒熟。

Point

這個時候要確實加熱，讓鯷魚的腥味揮發。

2. 確實加熱後，為避免烤焦，把鍋底平貼在鋪了紙張的冰上面。

3. 待2的食材冷卻後，放進攪拌機，加入白酒醋、法國第戎芥末醬、鹽巴、精白砂糖、黑橄欖攪拌，橄欖顆粒消失後，加入油，攪拌至柔滑程度。倒進鍋裡，冷藏保存。

f

銀魚法式小點

去除水分後，鮮味瞬間提升，變化成黏膩滑溜的口感。先
提高銀魚的存在感，然後再用柚子胡椒醃泡，製作成法式
小點。中間夾上自家製的鰻魚蒜味奶油起司醬，小小一口
就能有大大滿足的迷你前菜。擠上一點檸檬汁，搭配清爽
酸味品嚐。

▶銀魚

雖然夏天的短暫
期間可能買不
到，不過，因為
大部分的時期都
買得到，所以希
望為菜單增添點
變化的時候，就
會進行採購。

備料 〈備料量〉

▌醃泡銀魚

銀魚…200g
鹽巴…3g
柚子胡椒…1g
橄欖油…1〜2g

1. 銀魚撒上鹽巴，塗抹均勻後，倒進濾網裡面，靜置入味3小時。

Point

這個時候的鹽巴是用來脫水用的。脫水能夠去除腥臭味，同時也能提升鮮味。

2. 用廚房紙巾夾住脫水的銀魚，吸乾水分後，用柚子胡椒、橄欖油拌勻醃泡，放進冰箱冷藏備用。

Point

用柚子胡椒醃泡，就能消除銀魚的腥味。雖然拌勻之後就能馬上出餐，不過，稍微放置一段時間，就能增加黏膩口感，鮮味自然就會更佳。

▌鰻魚奶油起司醬

橄欖油…50g
蒜頭（切碎後，用油浸漬）
　…25g
鰻魚（→p.33）…70g
奶油起司…1kg
鹽巴…適量

1. 把橄欖油和蒜頭放進鍋裡加熱。產生香氣後，放入鰻魚，用鍋鏟一邊壓碎，一邊用大火煮熟。

Point

水分揮發後，鰻魚的腥味也會消失。

2. 水分幾乎收乾後，為避免焦黑，把整個鍋子放在冰上面，讓食材急速冷卻。

3. 冷卻後，倒進濾網，把油瀝乾。

4. 把奶油起司放進食物調理機攪拌，呈現乳霜狀後，加入3的鰻魚攪拌。試味道，如果鹹味不足，就用鹽巴進行調味。

5. 呈現柔滑狀之後，倒進保存容器，鋪上保鮮膜作為蓋子，密封後，放進冰箱保存。

烹調 & 擺盤

〈材料〉2個
銀魚…25g×2
鰻魚奶油起司醬＊…10g×2
長棍麵包（片狀）…2片
檸檬汁…適量　紅蓼葉…適量
EXV.橄欖油…適量
檸檬…1塊

1. 把鰻魚奶油起司醬塗抹在長棍麵包上面，鋪上銀魚，淋上檸檬汁，撒上紅蓼葉。最後淋上EXV.橄欖油，隨附上檸檬。

Point

檸檬汁適量，只要能稍微感受到微酸程度即可。味覺重點在於紅蓼葉的辛辣口感。

海鮮米沙拉

非常適合搭配冷爽氣泡水或
白酒的清爽海鮮沙拉。用粒
粒分明的米飯,包裹肉質甜
美、口感柔嫩的甜蝦、海膽
和扇貝。善用海鮮本身的鮮
甜,再用檸檬汁、鹽巴、橄
欖油簡單調味。同時再增添
柚子香氣。

油煮富山縣產
螢火魷

在新洋蔥和裂葉芝麻菜的冰冷
沙拉上面,擺放溫熱的油煮螢
火魷,利用不同的溫度感來凸
顯彼此的特色。螢火魷的油,
讓蔬菜的味道變得更加濕潤、
可口。撒上大量的自家製烏魚
子屑,增添濃郁與鹹味,同時
再用紅蓼葉增添辛辣味。

海鮮米沙拉

材料 〈1盤份〉

甜蝦…5尾　扇貝（清肉）…1個　鹽水海膽…15g　白飯…80g
刺山柑（碎末）…20顆　紫洋蔥（薄片）…7g
茴香芹、蒔蘿…各適量
檸檬汁、鹽巴、EXV.橄欖油…各適量　柚子皮…適量

▶甜蝦

黏膩的鮮甜口感。使用前先剝除蝦殼，蝦頭和蝦殼也可用來熬湯。

▶海膽

採用不使用明礬的鹽水海膽。照片中的海膽是俄羅斯產。因為混合了紅海膽、白海膽，所以價格相對便宜。

作法

1. 用水清洗烹煮得粒粒分明的米飯，去除黏性，用濾網撈起來，一邊瀝乾水分，一邊放在冰箱內冷卻。

2. 甜蝦去除蝦頭，剝除蝦殼，去掉蝦尾。

Point

甜蝦的蝦頭和殼可以冷凍保存起來，製作魚高湯的時候使用。

3. 扇貝切除邊緣堅硬的部分，切成一口大小。

4. 把1的米飯和甜蝦、扇貝、海膽放進調理盆，加入刺山柑、紫洋蔥，加入切碎的茴香芹和蒔蘿。

5. 把整體混拌，用檸檬汁、鹽巴、EXV.橄欖油調味，裝盤，放上海膽，淋上EXV.橄欖油，撒上柚子皮的碎屑。

油煮富山縣產螢火魷

▶螢火魷

產季3～5月時使用。主要採用水煮的種類，去除眼睛、嘴巴和軟骨後，製作成油煮，然後再進行保存，在客人點餐時加熱使用。

備料

▮ 油煮螢火魷

螢火魷（已處理）…500g
鹽巴、胡椒…各適量
橄欖油…600g
蒜頭（細末）…30g
鷹爪辣椒…1條
百里香、月桂葉…各適量

1. 螢火魷撒上些許鹽巴、胡椒。

2. 把蒜頭、鷹爪辣椒、百里香、月桂葉放進橄欖油裡面，用小火加熱，蒜頭變色後，放入螢火魷，加熱2分鐘。在浸漬在油裡面的狀態下保存。

烹調＆擺盤

〈材料〉1盤份
油煮螢火魷＊…80g
新洋蔥（薄片）…適量
裂葉芝麻菜…適量
油醋（→p.31）…適量
紅蓼葉、蒔蘿、茴香芹、EXV.
　橄欖油、檸檬汁、自製烏魚子
　…各適量

1. 把油煮螢火魷加熱。

2. 底部鋪上新洋蔥，撒上裂葉芝麻菜，淋上油醋。

3. 把溫熱的油煮螢火魷放在2的沙拉上面，撒上紅蓼葉、蒔蘿、茴香芹，淋上EXV.橄欖油、檸檬汁，撒上烏魚子碎屑。

培根烏賊麵

烏賊和培根蛋麵的概念十分明確。把肉質軟Q的烏賊切成細條，用來取代義大利麵，培根、蒜頭、奶油醬、帕馬森起司的調味基礎則是源自於培根蛋麵本身。使用大量的雞肉清湯，製作成湯麵風味，讓烏賊裹滿鮮味濃郁的湯汁，喚起截然不同的感動。

▶長槍烏賊

在秋天至冬天的產季期間採購。肉質軟Q，只要快速煮熟，就能維持Q彈口感。腳和鰭用來製作招牌菜馬賽魚湯和Meli Melo沙拉。

材料 〈1盤份〉

長槍烏賊的身體…50g　自家製培根（切細條）…30g　蒜頭（碎末）…適量
橄欖油…適量　白酒…適量　炒洋蔥…30g　水…適量
清湯（雞肉清湯）…30g　鮮奶油…適量　鹽巴…適量　格拉娜·帕達諾起司…15g
帕馬森起司、黑胡椒、艾斯佩雷產辣椒粉、EXV.橄欖油…各適量
溫泉蛋…1顆　＊把雞蛋放進68℃的蒸氣烤箱蒸20分鐘。

作法

1. 把長槍烏賊和培根切成細條狀。溫泉蛋也預先預熱備用。

2. 把蒜頭、橄欖油、培根放進鍋裡，用小火加熱，熟透後，倒入白酒烹煮，讓酒精揮發，加入炒洋蔥，加入水、清湯、鮮奶油，用鹽巴調味。

3. 把1的長槍烏賊放進2的鍋裡，稍微烹煮後，加入格拉娜·帕達諾起司，讓烏賊裹滿起司。

4. 起鍋裝盤，撒上磨碎的帕馬森起司，放上溫泉蛋，撒上黑胡椒、艾斯佩雷產辣椒粉，最後再淋上橄欖油。

麥年白子鑄鐵鍋

放在熱騰騰的鑄鐵鍋裡面上桌的麥年白子。底部鋪滿微甜且帶有奶香口感，味道和白子十分契合的馬鈴薯泥，中間夾著菠菜，然後再疊上烤得酥脆的白子。再進一步搭配炸得酥脆的炸櫻花蝦和迷你蕃茄的酸味。多重層疊上當季食材，在專注於味覺變化的同時，也留意到視覺上的可愛感受。

▶鱈魚白子

整個季節都使用北海道產的鱈魚白子。切掉筋膜，用流動的水清洗乾淨，分切成小塊，瀝乾水分備用。

▶櫻花蝦

使用於11月～初春的現貨菜單。因為容易變色，所以要連同包裝一起冷凍，切塊後再進行使用。用水清洗乾淨後解凍，將水分確實瀝乾。

備料

▎馬鈴薯泥

馬鈴薯（五月皇后）…5個　鹽巴…少許　奶油…20g　牛乳…50g

1. 削掉外皮，切成1cm左右的寬度，用添加少許鹽巴的水烹煮。只要能夠用竹籤輕易刺穿馬鈴薯，就代表已經確實煮爛。

2. 在過濾器下方鋪上保鮮膜，趁熱進行搗壓過篩，讓馬鈴薯掉落在保鮮膜上面。

   Point

   用攪拌機攪拌會產生麩質，所以要趁熱快速搗壓過篩。

3. 倒進鍋裡加熱，用木鏟一邊攪拌，讓水分揮發，加入奶油、牛乳混拌。冷卻後，裝進保存容器，冷藏保存。顧客點餐後，再進一步稀釋使用。

   Point

   讓馬鈴薯裡面的水分揮發，馬鈴薯的味道就會更加濃郁。

烹調&擺盤

〈材料〉1盤份
馬鈴薯泥＊…230g
牛乳…適量
奶油…10g
麥年白子
　白子…120g
　鹽巴、胡椒、低筋麵粉
　　…各適量
　橄欖油…適量
　奶油…20g
菠菜（鹽水烹煮）…適量

1. 將馬鈴薯泥加熱，加入牛乳、奶油，稍微稀釋一下馬鈴薯泥。

2. 白子的兩面撒上較多的鹽巴、胡椒，輕抹上低筋麵粉。

Point

尺寸偏小的部分，只要連同筋一起包裹纏繞，就能形成一整塊。盡可能毫不浪費地把材料應用於所有菜單。

炸櫻花蝦
　櫻花蝦…30g
　橄欖油…適量
　鹽巴…適量
焦化奶油醬
　奶油…40g
　蒜頭（細末）…適量
　火蔥（細末）…適量
　刺山柑…適量
　平葉洋香菜（碎末）…適量
　鹽巴…適量
　小蕃茄（4等分）…3個
　檸檬汁…3湯匙

3. 用平底鍋加熱較多的橄欖油，放入白子煎炸。白子周圍釋出的水分會形成薄膜，持續煎炸直到表皮變得酥脆，大約加熱至七分熟後，翻面，背面和側面也要煎酥。

4. 把鍋裡的油倒掉之後，放入奶油，把融化的奶油澆淋在上面。把菠菜放進沒有食材的空間煎煮，染上奶油風味後，放到廚房紙巾上面，把油瀝乾。

5. 把馬鈴薯泥、菠菜、白子放進鑄鐵鍋，用烤箱加熱備用。

6. 製作炸櫻花蝦。櫻花蝦酥炸後，把油瀝乾，撒點鹽巴。

7. 製作焦化奶油醬。把奶油放進鍋裡加熱，烹煮至氣泡快要消失的程度，加入蒜頭、火蔥、刺山柑、平葉洋香菜、鹽巴，再次煮沸後，加入蕃茄、檸檬汁。

8. 從烤箱裡面取出5的鑄鐵鍋，淋上焦化奶油醬，鋪上炸櫻花蝦，再次放進烤箱烤3分鐘，在熱騰騰的狀態下出餐。

毛蟹煎蛋捲

因為「毛蟹的蟹膏和雞蛋十分對味」，所以就開發了這道料理。毛蟹烹煮釋放出鮮味，再用白酒蒸煮，誘出蟹肉的鮮甜。把蟹肉和蟹膏混合在一起，再用焦化奶油製作成滑稠的煎蛋捲。關鍵就是擠上柑橘汁再品嚐，透過酸味，讓蟹膏的濃郁和鮮味變得更加鮮明。

▶毛蟹

使用北海道產的毛蟹。全年都買得到，不過，僅在價格比較便宜的7～8月才會買進，作為夏季的現貨菜單。

備料

▍毛蟹的處理

毛蟹…1隻（650g）
白酒…適量

1. 把錐子插進位於毛蟹背後，
   眼睛和眼睛之間的凹陷部
   分，讓神經收縮。

2. 用水清洗乾淨後，放進調理
   盆，淋上白酒，放進100℃
   的蒸氣烤箱裡面，蒸煮20～
   25分鐘。

3. 插入金屬籤，確認蒸煮的溫
   度後，取出，放涼。

4. 拔掉蟹腳，卸除蟹殼，用湯
   匙撈取蟹膏備用。

> **Point**
> 濃郁的蟹膏是味覺的關鍵。要
> 一滴不剩地撈取乾淨。

5. 用剪刀剪開蟹腳，取出蟹
   肉。把拔掉蟹腳的肩膀部分
   切成對半，取出蟹膏和蟹
   肉。

烹調 & 擺盤

〈材料〉1盤份
毛蟹（蟹肉、蟹膏）…65g
雞蛋…2個
炒洋蔥…30g
鮮奶油…10g
格拉娜‧帕達諾起司…10g
鹽巴…適量
奶油…30g
帕馬森起司…適量
檸檬皮…適量
檸檬…1塊

1. 把雞蛋打散，放入毛蟹的蟹
   肉和蟹膏、炒洋蔥、鮮奶
   油、格拉娜‧帕達諾起司混
   拌，用鹽巴調味。

2. 把奶油放進平底鍋加熱，氣
   泡消失後，把1的食材倒入攪
   拌，關小火，烹製成平坦的
   煎蛋捲。

> **Point**
> 不要煎太熟，才能製作出滑稠
> 口感。

3. 裝盤，撒上帕馬森起司的碎
   屑和檸檬皮的屑末。同時也
   附上一小塊檸檬。

> **Point**
> 依個人喜好，擠上幾滴檸檬
> 汁品嚐。夏天附上酢橘。

蛤蜊綠蘆筍佐檸檬奶油醬

享受鮮味濃郁的蛤蜊、微苦蘆筍和油菜花的春季料理。蛤蜊開口後，取出膨軟的蛤蜊肉，湯汁收乾，製作成醬汁。醬汁用雞肉清湯熬煮出更濃郁的風味，加上奶油、檸檬和香草，熬製成清爽的檸檬奶油醬。

▶蛤蜊

在市場採購已經吐沙完畢的蛤蜊，用水清洗乾淨後，冷藏保存。只要放在冷空氣裡面，如果是冬天的話，大約可以存活一星期左右。

材料 〈1盤份〉

蛤蜊（吐沙完畢）…6個
白酒…適量
綠蘆筍…4支
鹽巴…適量
蘑菇…3個
檸檬奶油醬
　白酒…適量
　火蔥（細末）…2撮
　清湯…1湯匙
　炒洋蔥…15g
　鮮奶油…適量
　奶油炒麵糊＊…適量
　　＊把麵粉和奶油混在一
　　起加熱，持續攪拌至
　　粉末感消失，倒進平
　　坦容器冷凍備用。為
　　料理增添濃稠度的時
　　候使用。
　鹽巴…適量
　奶油…10g
　法國苦艾酒
　　（Noilly Prat）…適量
　檸檬汁…1湯匙
油菜花（鹽水烹煮）…4支
蒔蘿、茴香芹…各適量
EXV.橄欖油…適量

作法

1. 用刨刀把綠蘆筍根部比較
   堅硬的部分削掉。蘑菇切
   成略厚片狀。

Point
綠蘆筍不會影響味覺，所以
採購形狀彎曲的種類。

2. 把蛤蜊放進鍋裡，倒入白
   酒加熱，加入蘑菇，蓋上
   鍋蓋，煮沸。

3. 2的蛤蜊開口之後，馬上取
   出。

Point
蛤蜊開口的時機，正是蛤蜊
肉熟透的徵兆。如果繼續烹
煮，肉質會變硬，所以要在
膨軟的狀態下取出。

4. 取出蛤蜊後，加入火蔥熬
   煮湯汁。水分揮發，收乾
   湯汁後，加入少許的水，
   加入清湯、炒洋蔥、鮮奶
   油，利用奶油炒麵糊調整
   濃稠度，用鹽巴調味。

5. 根據醬汁完成的時間，烹
   煮綠蘆筍。綠蘆筍用加了
   鹽巴的熱水烹煮1分鐘半，
   用濾網撈起，把水瀝乾。

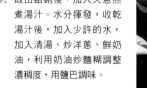

Point
讓白酒的酸味確實揮發，收乾湯
汁，熬煮出風味與鮮味。

Point
靈活運用綠蘆筍的風味、香
氣與口感，不泡水，用濾網
撈起。

6. 把蛤蜊放回4的鍋裡，加入
   奶油、法國苦艾酒混拌，
   加入油菜花加熱。

7. 把5的綠蘆筍排放在盤裡，
   放上6的蛤蜊、油菜花。

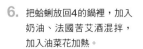

8. 把切成碎末的蒔蘿和茴香
   芹混進6的醬汁裡面，最後
   再加入檸檬汁，就此完成
   醬汁的製作。然後把醬汁
   淋在7的食材上面，再淋上
   EXV.橄欖油。

法式乾煎鮟鱇花蛤高麗菜湯

一邊壓碎煎得香酥的鮟鱇肉，連同烹煮得軟爛的高麗菜湯一起品嚐。高湯由花蛤和雞肉清湯混合製成，加入馬鈴薯和蕪菁泥，製作出黏稠口感。運用鮟鱇本身的Q彈肉質，仔細慢煎熟透。

備料

鮟鱇

鮟鱇（去皮）…1kg
白酒、茴香芹、蒔蘿…各適量

1. 鮟鱇約切成300g左右的大小，和茴香芹、蒔蘿、白酒一起真空包裝，醃泡一個晚上。

> Point
> 利用白酒的香氣，去除鮟鱇的氨味和獨特的腥味。

2. 取出醃泡的鮟鱇，用廚房紙巾確實吸乾水分，剝除薄皮，剩餘的小刺也要去除。

▶鮟鱇

被視為冬季的味覺代表。軟嫩的肉質具有其他魚種所沒有的風味。肉質有著獨特的腥味，所以要先醃泡後再使用。

烹調&擺盤

〈材料〉1盤份
鮟鱇（魚片）…150g
鹽巴…適量
低筋麵粉…適量
橄欖油…適量
奶油…適量
花蛤高麗菜湯＊…適量
EXV.橄欖油…適量

1. 客人點餐後，在鮟鱇的兩面抹上些許鹽巴，放在溫暖場所，讓其恢復至常溫。

2. 釋出水分之後，用廚房紙巾擦乾水分，抹上少許低筋麵粉。

> Point
> 如果用大火油煎，肉質會變得乾柴，所以要用慢火低溫油煎，就能實現外酥內嫩的口感。

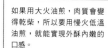

3. 把大量的橄欖油倒進平底鍋加熱，魚皮面朝下放進鍋裡。用小火慢煎，單面約油煎至七分熟，呈現焦黃色後，一邊翻面，全面慢火油煎。

4. 全面煎好後，把油倒掉，把奶油放進鍋裡煮溶，將焦化的奶油泡沫淋在魚肉上面，增添香氣。最後再次油煎魚皮那一面，起鍋後放在廚房紙巾上面，把油瀝乾。

5. 將花蛤高麗菜湯加熱，用水調整水量，倒入EXV.橄欖油，裝盤。把煎好的鮟鱇切成對半，剖面朝上。

YOSHIDA HOUSE 047

■ **花蛤高麗菜湯**

　　花蛤（吐沙完成）…10個
　　蒜頭（切碎，用油浸漬）…適量
　　白酒…適量　鹽巴…適量
　　高麗菜葉…3～4片　馬鈴薯…1個
　　蕪菁…1/2個　奶油…適量
　　番紅花…少許　清湯…適量

1. 購買已經吐完沙的花蛤，用流動的水把外殼
　　清洗乾淨，擦乾水分。把花蛤和蒜頭放進鍋
　　裡，倒入幾乎快淹過花蛤的白酒加熱。花蛤
　　開口之後，馬上用濾網撈起，把花蛤和高湯
　　分開。把花蛤肉取出備用。

2. 把高麗菜葉的菜芯切除，切成適當大小後，
　　用鹽水烹煮，菜葉變軟爛後，把水瀝乾，用
　　廚房紙巾把水分擠乾。約切成1cm的方塊
　　狀。

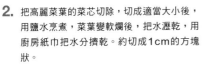

3. 馬鈴薯將厚度切成2cm，用鹽水烹煮。變軟
　　爛後，把湯汁倒掉。蕪菁帶皮用竹製粗磨泥
　　板磨成泥。

4. 把花蛤的高湯倒進鍋裡，加入番紅花熬煮，
　　讓白酒的酸味揮發。熬煮後，加入水、清
　　湯，再熬煮一下，用鹽巴調味。

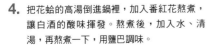

5. 放入蕪菁和高麗菜，馬鈴薯一邊搗碎加入。
　　再次煮沸後，加入花蛤肉和奶油燉煮。

Point

磨成泥的蕪菁和煮爛的馬鈴
薯讓湯變得更濃稠，就能讓
湯汁裹在鮟鱇肉上面。

魚高湯

添加大量豐富的食材,製作成風味濃郁的海鮮高湯。雖說也會使用備料所剩的雜碎魚肉和魚骨,不過,基本上採用的食材是棘角魚、竹筴魚和甜蝦3種。使用青魚熬製高湯的店家並不多,但其實竹筴魚只要確實油煎,就能徹底消除腥味,熬煮出美味高湯。把格律耶爾起司放在梅爾巴吐司上面,沾著高湯一邊品嚐。招牌菜馬賽魚湯也會使用。

備料

▌海鮮

鯛魚、比目魚等白肉魚的頭或雜碎魚肉和魚骨、棘角魚、竹筴魚、甜蝦

▌米雷普瓦

洋蔥、胡蘿蔔、西洋芹、蒜頭、茴香莖

▌其他

水、蕃茄、蕃茄醬、白酒、利口酒（PERNOD）

1. 白肉魚的雜碎魚肉和魚骨（頭或中骨）切塊後泡水,清除血塊後,冷凍保存備用。累積足夠份量後,即可用來烹煮魚高湯。解凍後,仔細拌炒直到產生香酥氣味。

2. 採購棘角魚和竹筴魚作為熬湯用,分別去除頭和內臟,切成寬度3～4cm的魚塊,泡水後,去除血塊。分別拌炒,直到水分確實收乾。

3. 甜蝦也要解凍,持續拌炒至香酥程度。製作其他料理時的剩餘蝦頭或蝦殼也可以混合使用。

4. 把洋蔥、胡蘿蔔、西洋芹、蒜頭、茴香莖切成薄片,確實炒出風味。

5. 把1～4的材料放進鍋裡,加水,煮沸後,撈除浮渣,加入蕃茄、蕃茄醬、白酒、利口酒熬煮2小時。

6. 用過濾器進行過濾,和庫存的湯混在一起加熱。

Point
血會產生腥味,所以務必確實清洗乾淨後再冷凍備用。

Point
青魚的竹筴魚只要確實拌炒至水分收乾的程度,就能確實去除腥味。棘角魚的可食用部位較少,不過,魚肉沒有腥味,適合熬製高湯。

Point
單靠魚無法補足的濃厚味,就用甜蝦來彌補。

Point
湯的味道會因為加入的材料或量而改變。和前次的湯混合,味道就會更添濃郁。

烹調 & 擺盤

〈材料〉1盤份
魚高湯…適量
番紅花…少量　利口酒…適量
EXV.橄欖油…適量
法式美乃滋＊、格律耶爾起司、梅爾巴吐司…各適量

▌法式美乃滋

自製美乃滋…150g
辣椒粉…10g
卡宴辣椒…1g
蒜油（浸漬蒜頭的油）…1g
將所有材料混合。

1. 把魚高湯倒進鍋裡,放入番紅花加熱。煮沸後,加入利口酒。

Point
加入與海鮮十分對味的利口酒,增添風味。

2. 起鍋,淋上EXV.橄欖油,搭配法式美乃滋、格律耶爾起司、梅爾巴吐司一起上桌。

Fresh Seafood Bistro
SARU

東京·
代代木上原

　正如其名,2014年開張的「Fresh Seafood Bistro」,最大的賣點就是能夠品嚐到在日本近海捕獲的新鮮海產。渡部雄在2021年開始擔任主廚,繼承了招牌菜色「鮪魚排」和「馬賽魚湯」的美味,同時更實現了優質海鮮的採購,靠著善用海鮮美味的感性料理,擄獲許多新粉絲挑剔的嘴。

　採用日本食材原本是這家店的概念,不過,現在的採購商已經換成更受主廚信賴的業者了。鮮魚主要來自愛媛、石川和北海道等地區,當日卸下的魚獲會以空運方式送達。渡部主廚表示,「因為過去對自己的烹調技術沒什麼自信,所以至少採用比較優質的食材,就會有更加分的效果。」實際接觸到優質魚獲,才明確了解新鮮度和香氣的差異。有了好的魚獲,開發主力菜色的靈感也會自然湧現。

　例如,藍豬齒魚在產地十分常見,但在東京卻是十分稀有。尺寸大型的藍豬齒魚屬於沒有腥味、口味清淡的白肉魚,新鮮度絕佳的時候,主廚會選擇在大膽保留腹骨的狀態下進行燒烤。在腹骨的側面切出刀痕,再仔細燒烤至酥脆程度,就能充分品嚐到骨骼邊緣的美味部分。因為熟成之後,香味就會溢出,所以這是新鮮度絕佳狀態的瞬間烹調法。除此之外,則是讓魚的鮮味熟成5天左右。

　比起新鮮感,搭配紅酒一起享用的「冷燻白腹鯖」更重視的是濕潤的熟成感。鯖魚主要採購來自石川縣,油脂豐富的種類,趁新鮮的時候急速冷凍,然後再進行調理。解凍之後,先進行4小時的鹽漬,之後再用日本酒和米醋浸漬,接下來讓魚肉的表面徹底乾燥,然後再進行冷燻。之後再靜置入味2～3天,讓魚肉慢慢熟透,醞釀出醇厚風味。

　「有著小酒館該有的模樣,沒有過多的裝飾,

熟知自己所追求的目標美味
讓海鮮美味發揮至最大極限

照片上）搭配海鮮，乾型的天然紅酒一應俱全。價位低廉，從4000日圓到1萬日圓以內都有，大部分的顧客都是點瓶裝。
照片左）店內充滿活力的漁師町形象。一眼就能看出這是一間專賣魚和紅酒的店，十分吸引人的招牌。

主廚 渡部 雄

1997年生。高中畢業後，在辻調理師專門學校專心學習料理，之後在都內知名的法國餐廳修業，然後進入Root株式會社。在『Fresh Seafood Bistro SARU』擔任2年的主廚，現在以總主廚的身分，在以現代海鮮料理為主題的泰國料理店『thalee ling』展現廚藝。

也沒有絲毫的矯揉造作」也是料理的重點之一，就像「櫛瓜花鑲北魷」大膽搭配鮮豔醬汁，製作出簡單卻引人矚目的擺盤。

順道一提，渡部主廚現年27歲。原本「不太擅長處理魚」的主廚，在獲得具有挑戰性的場所後，逐漸累積了實力。他的下個挑戰場所是，以日本捕獲的海鮮和蔬菜為主角的泰國料理店『thalee ling』。這間在2023年2月剛開張的店，透過精緻的擺盤和餐具的使用，開發出新的泰國料理。該餐廳同樣位於代木上原，渡部主廚以總主廚的身分，持續在各家店追求各種海鮮的表現方法。

SHOP DATA

■住址／東京都渋谷区元代々木町10-8 1F
■TEL／03-6804-9825
■營業時間／11:30～15:00（L.O.14:00）、星期一～星期五17:30～23:00（L.O.22:00）、星期六17:00～23:00（L.O.22:00）、星期日17:00～22:00（L.O.21:00）
■公休日／無休　■客單價／6000～8000日圓

馬德拉酒醃泡紅蝦

把生的紅蝦放在用芳醇的馬德拉酒（Vinho da Madeira）和醬油製成的醃料裡面浸漬。滑嫩蝦肉和濃醇蝦膏的奢侈美味充滿魅力。最後再撒上與馬德拉酒的香氣和蝦肉甜味十分契合的肉桂粉，增強印象。用一尾就有足夠份量的紅蝦下去製作，讓料理更添特色。

▶紅蝦

主要使用宮城縣產的紅蝦。蝦肉滑嫩甘甜。以冷凍方式採購一尾就能達到足夠份量的偏大尺寸。根據前一天的預約狀況安排備料量，再進行解凍。

材料 〈備料量〉

▋ 馬德拉酒醃泡紅蝦

紅蝦…8尾
醃料
　馬德拉酒＊…150g
　醬油…50g
　精白砂糖…25g
　法式四香粉…適量
　肉桂粉…適量

＊馬德拉酒
　傳統馬德拉酒的風味太過強烈，所以醃料使用的馬德拉酒是鳥取釀造所・北条紅酒的烈性紅酒「AMBAR」。具有高雅的甜味。

備料

1. 剝掉蝦殼，保留蝦頭和蝦尾，去除蝦腸。用廚房紙巾按壓，確實吸乾水分。

2. 把紅蝦排放在調理盤內，將醃料的材料充分混合，倒入醃料，直到幾乎快淹過蝦子的程度，稍微覆蓋上保鮮膜。放進冰箱保存至營業時間。

Point

浸漬30分鐘仍可保留新鮮口感，十分地美味。如果花上數小時浸漬，味道就會更添濃郁。

烹調 & 擺盤

〈材料〉
　馬德拉酒醃泡紅蝦…4尾
　（※也可點餐1尾）
　肉桂粉…適量
　EXV.橄欖油…適量

1. 取出浸漬的紅蝦，裝盤，撒上肉桂粉，淋上EXV.橄欖油。

冷燻白腹鯖佐酸奶油與酒粕醬

以搭配紅酒品嚐為概念，仔細計算燻製所產生的鮮味和質感，讓味道更加醇厚。先用鹽巴和砂糖醃泡4小時，然後再用米醋和日本酒進行醋漬。醋乾了之後，再透過煙燻加上燻香，再進一步熟成入味2天。隨附添加了酒粕的醬汁，藉此搭配醇厚的味道。

擺盤

〈材料〉1盤份
醃泡白腹鯖＊⋯1/2尾
酒粕醬＊⋯適量
鹽巴、芽蔥、黑胡椒⋯各適量
酸奶油＊⋯適量
EXV.橄欖油⋯適量

▶白腹鯖

用來醃泡的鯖魚到店後，會先暫時冷凍備用。解凍之後，再進行處理。由於腹部的油脂含量會依產季或產地而改變，所以醃漬、熟成時間也會依油脂含量而改變。

1. 取出鯖魚，切削成薄片。

2. 先抹上酒粕醬，然後再排列上1的鯖魚。輕撒上鹽巴，撒上切成細碎的芽蔥，撒上黑胡椒。在中央放上製成紡錘狀的酸奶油，淋上EXV.橄欖油。

備料

酒粕醬

酒粕…25g　水…100g　砂糖…適量
洋蔥＊…215g
　＊在帶皮狀態下，用150℃的烤箱烤至軟
　　爛程度後取出，將外皮剝掉。
米醋…20g　葡萄籽油…15g
法國第戎芥末醬…15g　鹽巴…適量

1. 把酒粕、水和砂糖混在一起煮沸，讓酒精
　揮發。

2. 冷卻後，和其他材料混合，用手持攪拌器
　攪拌成泥狀。密封後，冷藏保存。

酸奶油

酸奶油…150g
紅酒醋…10g
鹽巴…1小撮
橄欖油…5g

1. 把材料混在一起，攪
　拌成柔滑狀。

為配合鯖魚紮實的美味，建議搭配桃紅酒一起品嚐。
照片是義大利托斯卡納的天然紅酒「石榴小姐（Noble
Kara）」。帶有石榴般的果香。

醃泡白腹鯖

白腹鯖（魚片）…5尾　粗鹽…適量　精白砂糖…適量　日本酒…適量　米醋…適量　櫻花木屑…適量

1. 以4：1的比例，把粗鹽和砂糖混合在一起，抹在魚片上，放進冰箱冷藏醃泡4小時。把沾在魚片上的鹽巴和砂糖沖洗掉，放進用日
　本酒和米醋混合而成的醃泡液裡面浸漬20分鐘。

2. 取出醃泡液裡面的魚片，魚皮朝下，
　排放在鋪有廚房紙巾的調理盤裡面。
　在沒有覆蓋保鮮膜的情況下，放進冰
　箱熟成一晚，讓魚肉變乾。

> **Point**
> 醋使用酸味較為溫和的米醋。同時
> 還要加上日本酒的風味和香氣。

> **Point**
> 關鍵是讓醋確實吸收。在乾燥期間，
> 醋會滲進魚肉，就更容易產生香氣。

> **Point**
> 因為不想讓魚肉直接受
> 熱，所以採用冷燻。

3. 設置煙燻機。魚片表面變乾燥後，魚
　皮朝下排列在煙燻機的鐵網上，下層
　放置冰塊，將櫻花木屑點燃，煙燻
　15分鐘。

4. 根據煙燻魚片的厚度和脂肪，放進冰
　箱冷藏2～3天後再使用。

5. 取出當天欲使用的份量，切掉魚鰓部
　分和尾巴，削掉腹骨，再用挑刺夾清
　除魚刺，薄皮也要剝除。

> **Point**
> 冷藏熟成後，帶有彈力的肉
> 質就會更加紮實。

6. 用瓦斯噴槍炙燒魚皮，放進冰箱冷藏
　備用。

> **Point**
> 炙燒魚皮，增添香氣的
> 同時又能去除腥味。

香草醃泡沙丁魚
蘘荷與粉紅葡萄柚

透過粉紅葡萄柚的香氣和酸味，享受蘘荷和火蔥的清脆口感，
給人新鮮印象的醃泡沙丁魚。沙丁魚用雪莉醋和白酒仔細醃泡
之後，再放進蒔蘿風味的油裡面浸漬。因為可以預先備料，所
以能夠快速供餐，全年都有販售的主要菜色。

材料 〈備料量〉

▮ 香草醃泡沙丁魚

沙丁魚（中尺寸）…5尾　燒鹽…適量
精白砂糖…適量　白酒…適量
雪莉醋…適量　橄欖油、調和油…各適量
蒔蘿…適量

擺盤

〈材料〉1盤份
香草醃泡沙丁魚＊…3片
鹽巴、黑胡椒…各適量
蘘荷法式酸辣醬＊…適量
醃泡粉紅葡萄柚＊…適量
紅洋蔥（碎末）、紅胡椒、蒔蘿、EXV.橄欖
　油…各適量
＊醃泡粉紅葡萄柚
　撕掉薄皮，取出果肉，
　放進加了蒔蘿的橄欖油
　裡面浸泡。

▶沙丁魚

為避免送達的沙丁魚溫度上升，
在進行處理之前，會先放在塑膠
袋裡面，隔著冰水保鮮。處理期
間也會徹底管理溫度，努力維持
新鮮度。

1. 備料之前，沙丁魚先隔著冰水保鮮。刮除魚鱗後，切掉魚頭。把冰放進調理盤，上面重疊上鋪有廚房紙巾的調理盤，把切掉頭部的沙丁魚放進調理盤備用。

Point
藉此避免沙丁魚在作業過程中溫度上升。

2. 剖開腹部，取出內臟，在冰水裡面清洗腹部內部。

Point
總之，新鮮度最重要。因為劣化快速，所以要使用冰水，避免魚肉變得稀爛。

3. 確實去除水分後，用拇指剝除中骨，一邊剝開魚肉。

Point
手開法的優點就是可以同時剝除中骨和腹骨。

4. 切掉尾巴後，刮除魚片上的腹骨，切掉背鰭的堅硬部分，分切成2片。另一塊魚片的腹骨也要刮除。

5. 魚皮面朝上放置，撒上鹽巴、砂糖。翻面後，魚肉面也要撒上鹽巴、砂糖，醃漬6～7分鐘。這段期間，調理盤也要隔著冰水降溫。

Point
鹽巴和砂糖的用量、醃漬時間取決於魚肉的厚度和油脂量。鹽巴使用比較好塗抹的燒鹽。

6. 把5的沙丁魚放進冰水裡面浸泡，洗掉鹽巴和魚肉上釋出的水分，擦乾水分後，排放在隔著冰水降溫的調理盤內。以3比1的比例，把雪莉醋和白酒倒進調理盤，覆蓋上廚房紙巾，醃漬3分鐘。

7. 取出6的沙丁魚，以直立方式把魚片排放在濾網裡面，藉此把醋瀝乾，放進冰箱保持乾燥。

8. 表面乾燥後，排放進保存容器裡面，倒入幾乎淹過食材的橄欖油和調和油，放上蒔蘿。輕蓋上保鮮膜密封，在浸漬狀態下冷藏保存。

▌蘘荷法式酸辣醬

蘘荷…2支　火蔥…50g
番茄（汆燙去皮）…200g
紅酒醋…30g
白酒醋…20g
法國第戎芥末醬…3g
EXV.橄欖油…適量
鹽巴、白胡椒…各適量
把蘘荷、火蔥和番茄切成細碎，和紅、白酒醋、法國第戎芥末醬、EXV.橄欖油混拌後，用鹽巴、白胡椒調味。

1. 把浸泡在油裡面的沙丁魚取出，放在廚房紙巾上面，把油擦乾，將邊緣切齊。把鹽巴、黑胡椒撒在魚皮上面。

2. 排放在盤裡，鋪上蘘荷法式酸辣醬、醃泡粉紅葡萄柚。最後撒上切碎的紅洋蔥和壓碎的紅胡椒。裝飾上蒔蘿，淋上EXV.橄欖油。

白子白菜包佐柚子風味的法式酸辣醬

善用白子的奶香味，用白菜包起來蒸煮。不過，光是這樣的話，鮮味部分似乎略顯不足，所以也把用油煮過的滑菇包在裡面。滑菇加熱後會產生香氣和鮮味，是非常適合用來填補鮮味的食材。利用柚子胡椒增添風味的法式酸辣醬，營造出冬天氛圍，最後再用義式熱醬料增添濃郁。

▶大頭鱈的白子

配送到店後，馬上把冰放進牛乳裡面，然後將白子放進牛乳裡浸漬備用。浸泡牛乳是為了去除腥味。加冰則是為了避免溫度上升。

備料

1. 預先放進牛乳裡面浸泡的白子，用流動的水清洗乾淨後，把水瀝乾，去除略粗的血管，分切成適當大小。

2. 把白子放進熱水裡面，在肉質稍微緊縮的程度下撈出，放進冰水裡冰鎮，瀝乾水分。

材料 〈備料量〉

▌白子白菜包

大頭鱈的白子…2塊
白菜的菜葉…2片
鹽巴、白胡椒…各適量
滑菇＊…適量
　＊放進加了鹽巴的橄欖油裡面
　　稍微烹煮。

1. 白菜把菜葉和菜芯切開。把菜葉放進加了鹽巴的熱水裡烹煮，菜葉變軟後，用濾網撈起。

2. 為了確實去除白菜的水分，把菜葉攤平放在布巾上面，從邊緣開始捲，連同布巾一起扭轉擠乾。

3. 把擠乾水分的白菜攤開，切掉纖維較多的部分，撒上些許鹽巴。把白子分切成50g左右，放在白菜的上面，白子上面也撒上鹽巴和白胡椒。

4. 把滑菇放在白子上面，用白菜把白子包起來。

5. 把保鮮膜攤開，放上4的白子白菜包，然後用保鮮膜緊密包裹，再用另一片保鮮膜將整體包裹起來，為避免水分滲入，開口處的保鮮膜要確實擰緊。

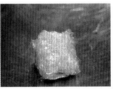

烹調＆擺盤

〈材料〉1盤份
白子白菜包＊…2個
蓋朗德海鹽、黑胡椒、EXV.橄欖油…各適量
義式熱醬料＊…適量
柚子風味的法式酸辣醬＊…適量
茴香芹、香艾菊、蝦夷蔥…各適量
柚子汁…適量

▌義式熱醬料

蒜頭（水煮）…100g　鯷魚…50g
鮮奶油…20g
用少量的油炒鯷魚，炒熟後，放涼。加入鮮奶油和蒜頭，
用手持攪拌機攪拌至柔滑狀。

▌柚子風味的法式酸辣醬

洋蔥（細末）…250g　柚子胡椒…5g
黑橄欖（細末）…20g　法國第戎芥末醬…5g
鹽巴…15g　白胡椒…撒15次　白酒醋…50g
蘋果醋…70g　葡萄籽油…50g
EXV.橄欖油…50g
將所有材料混合。

1. 接到訂單後，把白子白菜包放進熱水裡面煮10分鐘。

2. 煮好之後，把保鮮膜拆掉，撒上蓋朗德海鹽、黑胡椒，淋上EXV.橄欖油。

3. 把義式熱醬料抹在盤底，放上2的白子白菜包，淋上柚子風味的法式酸辣醬，放上茴香芹、香艾菊、蝦夷蔥。最後擠上柚子汁，淋上EXV.橄欖油。

峨螺香菇義式餃佐美式醬汁

上桌第一時間所感受到的是，緩緩升起的柳橙香氣。這個香氣和美式醬汁的橘色，營造出色香味俱全的華麗印象。宛如花朵般的義式餃，不僅外形有趣，同時也考量到與醬汁之間的協調性。內餡的峨螺和香菇切成能讓人充分感受到口感的大小，演繹出存在感。

材料 〈1盤份〉

峨螺…15g×3
烤菇＊…適量
　＊用200℃的烤箱烤香菇、滑菇、杏鮑菇等菇類，然後撕成
　　小塊。
普羅旺斯奶油…適量　鹽巴、白胡椒…各適量
餛飩皮…3片　美式醬汁＊…適量
苦艾酒、白酒…各適量　奶油、橄欖油…各適量
香草油＊…適量　柳橙皮…適量

▌香草油

洋香菜和百里香快速汆燙後，去除水分，和橄欖油混合，用攪拌機攪拌，過濾。油會呈現出漂亮的綠色，同時也會充滿香草的香氣。

作法

1. 把峨螺切碎，加入烤菇、普羅旺斯奶油、鹽巴、白胡椒，充分混合均勻。

2. 把餛飩皮攤開，取適量的1材料，把三個角往內壓，調整形狀。

3. 把美式醬汁放進鍋裡加熱，加入苦艾酒和白酒熬煮，用奶油調製成稠狀後，加入橄欖油調和。

　　Point

　　美式醬汁的味道會隨著時間改變，所以要添加酒類進行調整。只有奶油會讓味道太過沉重，所以要加點橄欖油，製作出清爽口感。

4. 把2的餛飩放進熱水裡面烹煮。煮好之後，把水瀝乾，裝盤，澆淋上大量的3美式醬汁，滴上幾滴香草油，撒上柳橙皮碎屑。

材料 〈備料量〉

美式醬汁

甜蝦頭…1kg
橄欖油…適量
米雷普瓦
　洋蔥（薄片）…中1個
　胡蘿蔔（薄片）…1/3條
　西洋芹（薄片）…1支
　番茄（切塊）…1個
鹽巴…適量
罐裝番茄…適量
魚高湯＊…適量
蒜頭（切對半）…2瓣
白酒…適量
水…適量
法國香草束（洋香菜的梗、
　百里香、月桂葉）…適量
柑曼怡…適量

魚高湯

把預先冷凍存放的魚頭或
魚骨、尾巴等雜碎的魚肉
和魚骨放進水裡浸泡，一
邊解凍，一邊清除血塊。用
230℃的烤箱烤至上色，
加入少量的水和白酒、香草
類、鹽巴，煮沸後，繼續熬
煮25分鐘。過濾後，倒進高
鍋，冷藏保存。

備料

1. 用鍋子加熱橄欖油，把甜
蝦頭放進鍋裡炒。

Point

甲殼類的食材容易釋放出氨
臭味，所以要確實拌炒，讓
腥臭味揮發掉。

2. 甜蝦的水分揮發後，加入
米雷普瓦的蔬菜，加入鹽
巴拌炒。

Point

加入鹽巴後，就能快速誘出
蔬菜的味道。

3. 蔬菜炒好之後，加入整顆
番茄、魚高湯、蒜頭、白
酒煮沸。水分不夠的時
候，就加水調整。煮沸
後，撈除浮渣，加入法國
香草束、柑曼怡後，用小
火熬煮20分鐘。

4. 把3倒進食物調理機絞碎，
用過濾器過濾成醬汁。裝
袋冷凍保存，解凍後使
用。

在美國十分受歡迎的加州
橙酒「Field Recordings
Skins」。鮮味濃醇，喝起
來十分滿足，也與美式醬汁
的鮮味十分契合。

櫛瓜花鑲北魷
佐魷魚肝酸豆橄欖醬

櫛瓜花鑲北魷佐魷魚肝酸豆橄欖醬

在櫛瓜花裡面塞滿包裹著細碎魷魚肉的白肉魚魚漿。烹煮方式十分簡單，只要用烤箱烤就可以完成，不過，視覺上卻十分耀眼奪目。宛如花束般的擺盤，然後再搭配魷魚肝酸豆橄欖醬和番茄醬2種醬汁。魷魚肝的濃郁、番茄的酸味，激發出更多彩豐富的美味。

材料 〈備料量〉

櫛瓜花鑲北魷

北魷…100g
藍豬齒魚（魚片）…100g
蛋白…10g
昆布高湯…適量
火蔥（細末）…10g
鹽巴…少於2g
白胡椒…適量
櫛瓜花…2朵

▶北魷

雖然一整年都買得到，不過，冬季的北魷肝臟比較大。這種肝臟的濃郁風味就能應用在醬汁上面。處理後的身體、魷魚鰭、魷魚腳都可以徹底利用。

備料

1. 把北魷的內臟和魷魚腳從身體內取出。將內臟和魷魚腳分開，肝臟用來製作醬汁。身體和腳用流動的水充分清洗乾淨，擦乾水分。把魷魚鰭從身體上面撕下，剝除薄皮。

2. 分別把腳和身體切成5mm的丁塊狀。

3. 藍豬齒魚處理成魚片後，把撕掉魚皮的魚片切碎，倒進食物調理機，加入蛋白攪拌，製作成魚漿。再進一步加入昆布高湯，攪拌至產生黏性為止。

Point
昆布高湯就是浸泡昆布的水。添加的份量要根據魚的水分多寡進行調整。

4. 把2的北魷放進調理盆，用鹽巴、白胡椒預先調味，加入3的魚漿和火蔥拌勻。

5. 把櫛瓜花的雌蕊拔掉，稍微切開花瓣，把40g的4北魷魚漿填塞進去。

材料 〈備料量〉

▌魷魚肝酸豆橄欖醬

北魷的肝臟⋯80g
鹽巴、日本酒⋯各適量
蒜頭（磨成泥）⋯1瓣
洋蔥（細末）⋯5g
黑橄欖（細末）⋯10g
平葉洋香菜（細末）⋯1.5g
蝦夷蔥（細末）⋯1.5g
鯷魚（切碎成膏狀）⋯3g
黑胡椒、卡宴辣椒粉、鹽
　巴⋯各適量
檸檬汁⋯適量
檸檬皮（細屑）⋯適量
橄欖油⋯適量

備料

1. 北魷的肝臟撒上鹽巴後靜置入味一段時間，接著放進日本酒裡面浸漬，去除腥臭和鹽味。擦乾水分，放進冰箱冷藏至表面乾燥，再用低溫的烤箱烤熟。

2. 把1的肝臟放在濾網裡面按壓過篩成膏狀，再和切成細末的材料混合，用黑胡椒、卡宴拉膠粉、鹽巴調味。擠入檸檬汁，加入檸檬皮後充分混拌，少量多次地加入橄欖油，讓材料乳化。

Point
濃稠醬汁裡面的檸檬皮，在嘴裡釋放出檸檬的清爽口感。

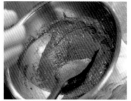

烹調 & 擺盤

〈材料〉1盤份
櫛瓜花鑲北魷＊⋯2個
鹽巴、橄欖油⋯各適量
番茄醬＊⋯適量
　＊在番茄醬裡面加入雪莉醋、鹽巴，然後用攪拌機攪拌，直到呈現柔滑狀。
魷魚肝酸豆橄欖醬＊⋯適量
EXV.橄欖油⋯適量
蓋朗德海鹽⋯適量

1. 把櫛瓜花鑲北魷放在鋪有烘焙紙的烤盤裡面，撒上鹽巴，淋上橄欖油，用200℃的烤箱烤。

2. 把番茄醬抹在盤底，將1櫛瓜花鑲北魷縱切成對半，裝盤，加上魷魚肝酸豆橄欖醬。淋上EXV.橄欖油，撒上些許蓋朗德海鹽，作為味覺重點。

橙酒「Vivavi Bianco」來自義大利卡拉布里亞的小酒廠。帶有恰到好處的澀味，和酸豆橄欖醬十分契合。

香煎藍豬齒魚佐青海苔醬

香煎魚皮美味的藍豬齒魚。雖然大部分的做法都是以醃漬入味的方式來誘出鮮味，不過，為了充分利用新鮮度，有時也會在不移除腹骨的狀態下直接乾煎。確實煎烤魚皮，誘出隱藏在魚皮底下的鮮味，魚肉則維持在溫熱程度。在魚高湯裡面添加昆布高湯，透過充滿礁石香氣的醬汁，品嚐魚肉的新鮮美味。

材料 〈備料量〉

藍豬齒魚（魚片）…150g
鹽巴…適量
菠菜…1把
鹽巴、白胡椒、橄欖油、柚
子汁…各適量
調和油＊…適量
　＊橄欖油和葵花油混合而
　　成的油。
青海苔醬＊…適量
蓋朗德海鹽、EXV.橄欖油、
　白胡椒…各適量

▍青海苔醬

A
　魚高湯…200g
　花蛤高湯…50g
　昆布高湯…50g
　火蔥（細末）…20g
　白胡椒…適量
青海苔…50g
EXV.橄欖油…10g
鹽巴、柚子汁…各適量
把A的材料混在一起，份量
熬煮至一半後，過濾，放涼
後，加上青海苔、EXV.橄欖
油，用攪拌機攪拌。過濾之
後，用鹽巴和柚子汁調味。

▶藍豬齒魚

九州常吃的隆頭魚科的魚。雖然
是清淡的白肉魚，但因為肉質充
滿彈性，所以加熱後的口感咬勁
格外有趣。預先處理之後，先用
廚房紙巾包起來，然後再用保鮮
膜包裹，熟成3～4天，讓鮮味更
加濃郁後再使用。

作法

1. 接到訂單後，先處理魚
   肉。照片是下半身。菜刀
   從背後中骨的上面切入，
   翻面後，菜刀再從腹部切
   入，把中骨切離。腹骨也
   一併刮除。

Point

魚在帶骨狀態下保存，比較
能夠維持新鮮度。基於食材
保存問題，通常都是接到訂
單之後才會剔除魚骨。

2. 在魚肉的兩面抹上鹽巴。

3. 菠菜用鹽水快速汆燙後，
   泡水，把水擠乾，用鹽
   巴、白胡椒、橄欖油、柚
   子汁拌勻。

4. 把抹了鹽的藍豬齒魚表面
   的水分擦掉，用平底鍋加
   熱調和油，魚皮朝下，放
   進平底鍋香煎。為避免魚
   皮隆起，要把魚肉確實往
   下按壓。

5. 魚皮煎至酥脆程度後，翻
   面，稍微煎一下，然後放
   到淺盤，放進200℃的烤
   箱裡面烤3～4分鐘。

Point

魚肉太熟會變得乾
柴，所以烹煮至中央
呈現半熟狀態即可。

6. 把菠菜鋪在盤底，倒入青
   海苔醬，再擺上從烤箱取
   出的藍豬齒魚。撒上些許
   蓋朗德海鹽，淋上EXV.
   橄欖油，再撒點白胡椒。

材料 〈備料量〉

▌醬煮星鰻

星鰻…10尾
星鰻湯汁＊
＊把頭和骨頭充分洗淨，去
除血合肉，用烤箱烤至酥
脆。放進水10、酒1、味
醂、砂糖、醬油各適量所
混合而成的湯汁裡烹煮，
湯汁沸騰後，繼續熬煮約
10分鐘。以此為基底，持
續添加，反覆使用。

備料

1. 星鰻用熱水汆燙，魚皮
膨脹隆起後，放進冰水浸
泡。擦乾水分後，用菜刀
的刀背刮除魚皮上的黏
液。

Point

確實熬煮，讓星鰻的小刺變
軟。

2. 把星鰻湯汁煮沸，放進星
鰻，煮沸後改用小火，放
上紙蓋，熬煮30分鐘。在
浸泡湯汁的狀態下直接放
涼。

3. 放涼後，放在鋪有烘焙紙
的調理盤上面。排放時要
盡量避免重疊，用保鮮膜
覆蓋後，放進冰箱冷藏，
讓肉質變得緊實。湯汁過
濾後，冷藏保存。

醬煮星鰻與新牛蒡燉飯

醬煮星鰻加上燉飯和詰醬汁後，既像是鰻魚蓋飯，又像是握壽司，營造出日式氛圍。以星鰻高湯為基底的湯汁會持續添加補充，反覆使用，所以味道會越來越濃郁，這也可以當成醬汁使用。撒上配料和山椒粉，完成日式與法式完美結合的美好滋味。

材料 〈備料量〉

星鰻醬汁

烹煮星鰻的湯汁…350g
小牛高湯…250g
馬德拉酒…350g
紅酒…550g
佩德羅・希梅內斯…200g
紅酒醋…50g
將所有材料混合，熬煮至收乾湯汁。

▶星鰻

使用愛媛縣產，東京灣的星鰻等，當季盛產的美味鰻魚。以剖開狀態購入，同時也一併購入魚頭和魚骨，用來熬製高湯。

烹調 & 擺盤

〈材料〉1盤份
新牛蒡燉飯
　燉飯底料＊…60g
　花蛤高湯＊…適量
　鮮奶油…60g
　新牛蒡（削片）…30g
　格拉娜・帕達諾起司…適量
　橄欖油…適量
　鹽巴、白胡椒…各適量
煮星鰻＊…1尾
星鰻醬＊…適量
配料（火蔥、蝦夷蔥、木犀草醬）＊…各適量
＊預先將材料混合備用。
山椒粉、蓋朗德海鹽…各適量。

燉飯底料

米…500g
奶油…50g
洋蔥（細末）…50g
水…適量
把奶油、洋蔥放進鍋裡炒，洋蔥軟化之後，放進米拌炒，加入和米相同份量的水，蓋上鍋蓋，放進200℃的烤箱裡面烤14分。把它當成燉飯底料，其他料理也可以運用。

花蛤高湯

用水蒸煮花蛤，取蒸煮後的高湯，過濾後使用。午餐的義大利麵等也會每天使用，所以會不斷更換新鮮的高湯。

1. 把燉飯底料和花蛤高湯放進鍋裡，加入鮮奶油、新牛蒡加熱。湯汁收乾後，關火，加入格拉娜・帕達諾起司、橄欖油，用鹽巴、白胡椒調味。

Point

為避免星鰻的強烈風味掩蓋掉新牛蒡的味道，所以要先加入牛蒡烹煮，藉此增添香味。

2. 把煮星鰻切成對半，放在鋪有烘焙紙的淺盤裡面，用噴槍補充水分，蓋上保鮮膜，加熱1分鐘。

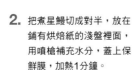

3. 把燉飯裝盤，放上加熱的星鰻，淋上星鰻醬，再鋪上配料、山椒粉和蓋朗德海鹽。

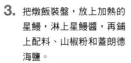

yerite

　離餐廳最近的車站是私鐵沿線的豪德寺。只要沿著軌道，走路6分鐘，穿越過住宅區，很快就能抵達。店名『yerite』是由表示家庭、齊聚一堂之意的Foyer和擁有點心盒之意的Boîte所組合而成。白天是店長藤井唯的燒菓子烘焙坊，晚上則是提供主廚料理與紅酒的小酒館。儘管型態變化極大，當地饕客還是攜家帶眷前來，不分晝夜。這便是兩人選擇這個地點的理由。

　海鮮料理推薦前菜（兩人份1500日圓起）和當日的魚料理（兩人份2800日圓起），每天準備4～5種。石飛主廚說：「重點就是不採購頂級或是昂貴的食材。」海鮮大多都是在鄰近的鮮魚店購買，該怎麼做才能把隨手可得的食材變得更美味，透過這樣的腦力激盪，盡可能地降低成本。

　除了油封或醃泡等具有保存性的烹調法之外，也會運用真空保存或冷凍保存，盡可能減少食材的耗損。除了雜碎魚肉和魚骨之外，零碎的蔬菜也可以用來熬煮高湯，這樣就不會有半點浪費。「與其把素材當成主角，不如把醬汁當成主角，用這種方式來思考料理，就能減少成本」，於是石飛主廚便以高湯為底料，積極開發各式各樣的醬汁。

　例如，把甜蝦高湯製成醬汁的「燜燒豬肉」。豬肉和鮮蝦的組合，在看到法國主廚的挪威海螯蝦和冰見牛的料理之後，這個構想就一直出現在腦海裡。於是便產生了該用大量的甜蝦殼來製作些什麼的想法。把大量的甜蝦殼製作成醬汁，再進一步添加發酵白菜的自然酸味與甜味，烹製出非常適合搭配天然紅酒一起品嚐的美味佳餚。

　用來作為醬汁底料的高湯，除了甜蝦之外，也會使用雜碎魚肉、魚骨、零碎蔬菜和香草熬煮的魚高湯、貽貝、花蛤、花蜆等貝類高湯，有時也會合併使用昆布高湯。用萃取素材鮮味的濃醇高

利用清淡的醬汁、蔬菜和香草、柑橘香氣，製作出沉穩海鮮料理

照片上）考量到與料理之間的契合度，紅酒選擇滋味濃醇的天然紅酒。杯裝900日圓起，共有6種。瓶裝以5500～8000日圓為主。
照片左）以白色和灰色為基調的時尚空間。白天是勝井唯店長的燒菓子烘焙坊，晚上則是石飛主廚的小酒館。

主廚 石飛輝久

島根縣出身。在神戶、賢島、富山的渡假飯店、法國餐廳、法國軍艦的2星級餐廳累積經驗，在神戶的小酒館擔任主廚後自立門戶。在東京不曾有過工作經驗，2021年開業的『yerite』是他在東京的第一份工作。以平價食材的溫柔滋味與細膩擺盤而深受好評。

湯製作而成的醬汁，有著十分鮮美的味道，然後再將其製作成泡沫。因為製作成泡沫之後，醬汁會變得十分輕盈，形狀就不容易流動。主廚的料理大多都被評論為沉穩、溫和，恐怕就是因為使用了泡沫醬汁的關係吧！

甚至，還有許多與蔬菜組合而成的料理，不管是海鮮，還是蔬菜，主廚總是能誘出食材的原始美味，提高各種食材的風味。除了相同季節的食材之外，對於顏色也十分執著，如果顏色相同，只要調性契合，就會盡可能採用相同顏色。

最後再加上萊姆皮、檸檬皮、柚子皮等，利用新鮮的柑橘香氣，完成主廚的清爽料理。

SHOP DATA

- ■ 住址／東京都世田谷区赤堤1-8-18 1F
- ■ TEL／080-7269-1023
- ■ 營業時間／17:00～21:00
- ■ 公休日／星期一、星期二不定期休
- ■ 客單價／6000～7000日圓

軟翅仔與白芹　貽貝泡沫醬

「相同顏色的食材,契合度也會比較好」,因此,經常採用相同色系的素材組合。這裡運用的是軟翅仔的白和西洋芹的白。軟翅仔先冷凍後再解凍,引誘出黏膩的甜味,再搭配切成細絲的西洋芹口感,享受清涼感之間的對比。奶香般的泡沫是用貽貝高湯製成的醬汁。最後在白色之間倒入鮮豔綠色的蒔蘿油。

材料 〈1盤份〉

軟翅仔（分切成塊）…30g
塊根芹（切絲）…適量
白芹（切絲）…適量
鹽巴…適量
萊姆汁…適量
油醋＊…適量
EXV.橄欖油…適量
貽貝泡沫醬
　貽貝高湯＊…適量
　鮮奶油…適量
　大豆卵磷脂…適量
洋蔥泥＊…適量
萊姆皮…適量
蒔蘿油＊…適量
蒔蘿幼苗…適量

▌貽貝高湯

把貽貝和白酒放進鍋裡，蓋上鍋蓋蒸煮，貽貝開口後，過濾湯汁。倒回鍋裡熬煮後，冷凍保存。

Point

貽貝高湯主要是基於與主材料的契合性，除外，也可以考慮採用花蛤或花蜆。若是用花蛤或花蜆，就要確實熬煮。

▌洋蔥泥

洋蔥切片，加入少許鹽巴，炒出水分後，用肉汁清湯烹煮，再用攪拌機攪拌成泥狀。

▌蒔蘿油

把蒔蘿和巴西里撕碎，倒入加熱至55℃的葡萄籽油，用攪拌機攪拌1分鐘。用廚房紙巾過濾，為避免顏色改變，馬上隔著冰水冷卻。冷凍保存，分次少量解凍後使用。

▌油醋

洋蔥…100g
米醋…50g
鹽巴…5g
法國第戎芥末醬…1小匙
沙拉油…100g
橄欖油…65g

把材料混在一起，用攪拌機攪拌至柔滑程度。由於白酒醋的酸味太過強烈，所以採用酸味比較溫和且帶有鮮味的米醋。

▶烏賊

全年都有，透過各式各樣的烹調法與擺盤進行菜單化。冬天採用軟翅仔，天氣回暖後，就依照產季，改用劍尖槍烏賊、長槍烏賊等不同種類。採購的烏賊會馬上進行處理，切成容易處理的大小後，再進行冷凍保存。

作法

1. 塊狀的軟翅仔自然解凍至半解凍程度後，切成細條。

2. 把切成細絲的塊根芹、白芹和軟翅仔混在一起，撒上少許鹽巴，加入萊姆汁、油醋、EXV.橄欖油，粗略混拌。

Point

墨魚和西洋芹十分對味，再加上萊姆的酸味和香氣，就能增添清爽口感。

3. 把鮮奶油、大豆卵磷脂倒進貽貝高湯裡面，用手持攪拌機攪拌起泡。

4. 把洋蔥泥裝進盤裡，上面鋪上2的食材，然後再隨附上貽貝泡沫醬。撒上萊姆皮，滴上蒔蘿油，再裝飾上蒔蘿幼苗。

甜蝦與綾目雪
香草風味的白醬

甜蝦搭配綾目雪蕪菁，佐以帶有香甜香草風味的白醬。確實煎煮的小洋蔥也很香甜，利用天然的甜味，烹製成味道溫和的美味佳餚。加上酸味之後，綾目雪蕪菁的紫色會變得更加鮮豔。檸檬的酸味同時也能誘出食材的甜，讓味道更紮實。

▶甜蝦

除了滑嫩香甜的蝦肉之外，蝦殼還能拿到熬製高湯。剝掉身上的蝦殼後，拔掉蝦頭。剝掉的殼和頭另外冷凍存放，日後用來熬煮成高湯。

材料 〈1盤份〉

甜蝦（去殼）…4尾
綾目雪蕪菁（切片）…1/2顆
火蔥濃縮液＊…適量
　＊把白酒和白酒醋倒進切碎的火蔥裡面熬煮。
檸檬汁…適量　檸檬皮…適量
EXV.橄欖油…適量
香草風味的白醬＊…適量
香煎小洋蔥＊…適量
蒔蘿油＊…適量
茴香芹幼苗…適量

▌香草風味的白醬

把火蔥濃縮液、水、奶油、從豆莢裡面取出的香草種籽、檸檬皮放進鍋裡加熱，用手持攪拌機攪拌。過濾，裝進保存容器，冷藏保存。

▌香煎小洋蔥

切成對半，剖面朝下，放進橄欖油預熱的平底鍋，蓋上鍋蓋，用小火煎烤至表面焦黑，1片片剝下來備用。

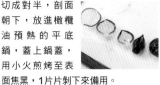

作法

1. 把甜蝦和綾目雪蕪菁混在一起，加入火蔥濃縮液，擠入檸檬汁，再加上檸檬皮碎屑。淋上EXV.橄欖油，粗略混拌整體。

Point
因為經常利用柑橘類的果皮來增添香氣，所以檸檬或酢橘等柑橘，都是採購日本產且無農藥、無蠟的種類。

2. 把香草風味的白醬倒在盤底，再放上綾目雪蕪菁、甜蝦。把小洋蔥放置在周遭，小洋蔥裡面也倒入白醬，然後再裝飾蒔蘿油、茴香芹幼苗。最後撒上些許檸檬皮碎屑。

Point
醬汁使用的香草只是用來增添香氣，味道不帶有甜味。

推薦的是法國朗格多克的製造商Pierre Rousse釀製的「Brindezingue」。略微混濁的深黃色，帶有淡淡柑橘香氣，非常適合搭配檸檬的香氣和酸味。

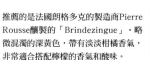

螢火魷與無翅豬毛菜
古斯米湯風格

在富山工作的廚師，對富山縣產的食材總是會懷抱著較深的情懷。螢火魷就是其中一種。用魚高湯烹煮螢火魷，再用溶出精華的湯汁一起製作成湯。用湯快速汆燙的無翅豬毛菜，吸滿湯汁的古斯米，全都徹底運用了螢火魷的鮮味。

▶螢火魷

使用富山縣產的生螢火魷。產季美味的時期，不論冷製或溫製都有提供。

材料 〈1盤份〉

螢火魷…5尾
魚高湯（→p.88）…適量
無翅豬毛菜…適量
蘿蔔泥＊…適量
古斯米…適量
熱水、鹽巴、橄欖油…各適量
蓍蓬菜幼苗…適量
EXV.橄欖油…適量

▌胡蘿蔔泥

洋蔥切成薄片，加入少許鹽巴，炒至釋出水分，加入切成薄片的胡蘿蔔拌炒。用肉汁清湯煮至軟爛，再用攪拌機攪拌成泥。

作法

1. 把魚高湯放進鍋裡加熱，放入螢火魷烹煮。有點熱之後，撈出來放在盤子上，去除軟骨、眼睛和口器。

Point

用魚高湯烹煮螢火魷，讓螢火魷的精華溶進湯裡，鮮味更加濃郁。

2. 用1的湯汆燙無翅豬毛菜。

3. 用熱水、鹽巴、橄欖油蒸煮古斯米。

4. 把胡蘿蔔泥鋪在碗底，放上古斯米，再疊上螢火魷，最後再鋪上無翅豬毛菜，倒入2的湯。撒上蓍蓬菜幼苗，淋上EXV.橄欖油。

Point

用充滿螢火魷精華的鮮湯製作出美味的湯品。

紅酒是斯洛伐克的橙酒「Hopera」。採用獨特釀造，添加了自然生長在灰皮諾（Pinot gris）田裡的蛇麻（hop）。宛如啤酒般的細膩風味，和螢火魷內臟的微苦十分契合。

麥年白子與菊芋脆片
佐起司醬

白子是每到產季就必定採用的食材。這裡搭配在相同
季節進入產季的菊芋泥，製作出奶油般的柔和味道。
泡沫是添加了肉汁清湯的鮮味和起司濃郁的醬汁。為
了讓整體更完美的結合，用黑胡椒讓味道更顯紮實，
再搭配乾炸菊芋脆片，製作出不同的口感。

▶鱈魚白子

去除略粗的血管和
筋，用水簡單清
洗，分切成小塊，
放進1～2％的鹽水
裡面浸泡，把血清
除。瀝乾水分，進
行冷藏保存。

材料 〈1盤份〉

鱈魚白子…80g
鹽巴…適量
低筋麵粉…適量
橄欖油…適量
奶油…適量
起司醬＊…適量
菊芋泥＊…適量
鹽之花…適量
菊芋脆片＊…適量
黑胡椒…適量

▎起司醬

把肉汁清湯和牛乳倒進鍋裡，加入起司粉、鹽巴，煮沸，用手持攪拌機攪拌至柔滑狀。冷卻後，裝進保存容器，冷藏保存。

▎菊芋脆片、菊芋泥

菊芋帶皮切成薄片，丟進油鍋裡乾炸。菊芋泥就用沒辦法製成脆片的邊角料來製作。切成薄片的洋蔥，撒上少許鹽巴熱炒，洋蔥變軟後，加入菊芋拌炒，用肉汁清湯煮至軟爛後，用攪拌機攪拌成泥狀。

作法

1. 把1％的鹽巴放進熱水裡面，煮沸，放入白子，再次沸騰後，汆燙30秒，再放進冰水裡面浸泡冷卻。

Point
稍微用熱水汆燙後再進行烹調，能讓表面比較緊實，形狀也比較穩定。

2. 確實瀝乾水分後，撒上低筋麵粉，放進用橄欖油預熱的平底鍋，煎煮單面。

3. 開始加熱起司醬。把菊芋泥鋪在加熱的盤子裡面。

 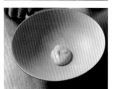

4. 2的白子確實煎煮，呈現焦黃色後，加入奶油，奶油融化後，再加入橄欖油，把滾燙的泡沫澆淋在上面，增添風味。

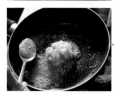

Point
只有奶油的話，比較容易焦黑，所以要加點橄欖油，避免焦黑。

5. 背面也快速煎煮，馬上把產生烤色的那一面朝上，放在廚房紙巾上面，把油瀝乾。

6. 把白子呈現烤色的那一面朝上，放在3的菊芋泥上面，撒上鹽之花。

Point
為了保留煎煮面的酥脆與香氣，要讓煎煮面朝上。

7. 用手持攪拌機把預先溫熱的醬汁打成泡沫狀，淋在白子的上面，撒上菊芋脆片，撒上黑胡椒。

Point
醬汁如果煮沸，泡沫就會消失，所以要用65～70℃的溫度攪拌起泡。

Point
最後的黑胡椒是為了把奶香白子和菊芋泥的甜味結合在一起。

燜燒豬肉佐甜蝦醬

富山時代，和法國廚師合作的時候，挪威海螯蝦和冰見牛的組合讓自己特別感動，因而進一步開發出符合個人風格的「豬肉×鮮蝦」的全新菜單。不光是肉和魚，再加上發酵白菜的自然酸味和鮮味，藉此增加發酵所產生的複雜滋味。把甜蝦的濃醇鮮味打成泡沫，製作出輕盈口感。

材料 〈備料量〉

█ 燜燒豬五花

豬五花肉…1kg
醃泡鹽
　鹽巴…50g
　海藻糖…15g
　月桂葉…1片
　紅胡椒…適量
橄欖油…適量
蒜頭（切片）…適量
洋蔥（切片）…適量
水、白酒…各適量
月桂葉、百里香…各適量

備料

1. 醃泡鹽預先混合備用。月桂葉和紅胡椒放在一起，用攪拌機攪拌成細末使用。

2. 把醃泡鹽塗抹在整塊豬五花肉的表面，放進冰箱醃泡一晚。

Point
鹽巴具有脫水，誘出鮮味的效果，海藻糖則具有保水，讓肉維持濕潤的效果。

3. 在醃泡豬五花肉的油脂處切出細小的切痕，用預熱的平底鍋，從油脂端開始煎烤。多餘的油脂確實流出，將這些油倒掉之後，將全面煎至焦黃色。

Point
在油脂處切出刀痕，油脂就更容易滲出。在油脂上面，以等間距斜切出刀痕。

4. 蒜頭和洋蔥先用橄欖油確實炒過，再連同3的豬肉一起放進鍋裡，加入水、白酒、月桂葉、百里香，開大火加熱，煮沸後，撈除浮渣，去除油脂，蓋上鍋蓋，用小火燜煮1小時30分～2小時。

5. 冷卻後，分切成容易使用的大小，採用真空包裝冷凍保存。

Point
燜燒豬肉使用於前菜的菜單，或是和小扁豆一起燜煮。

烹調&擺盤

〈材料〉1盤份
甜蝦醬（→p.89）…適量
燜燒豬肉＊…50g
發酵白菜＊…適量
法國第戎芥末醬…適量
油醋（→p.73）…適量
茴香芹幼苗…適量
EXV.橄欖油…適量

█ 發酵白菜

白菜切成細絲，和2%的鹽巴、芫荽、月桂葉一起搓揉後，進行真空包裝，在常溫底下發酵2星期左右。

1. 甜蝦醬加熱備用。

2. 把燜燒豬肉切成1cm的骰子狀，放進調理盆，加入發酵白菜、法國第戎芥末醬、油醋混拌，裝盤。

3. 用手持攪拌機把溫熱的甜蝦醬攪拌成泡沫狀，澆淋在3的上面，裝飾上茴香芹幼苗，淋上EXV.橄欖油。

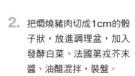
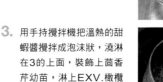
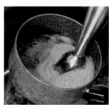

▶干貝

使用北海道產的干貝。採購大顆尺寸，用廚房紙巾確實吸乾水分。

材料 〈1盤份〉

干貝…2個
鹽巴…適量
橄欖油、奶油…各適量
田螺奶油＊…適量
蓮藕（薄片）…適量
魚高湯（→p.88）…適量
青海苔…適量
茼蒿泥＊…適量
茴香芹幼苗、菊花花瓣
　…各適量
EXV.橄欖油…適量

田螺奶油

把奶油、蒜頭、火蔥、巴西里放進食物調理機攪拌，用保鮮膜包成圓筒狀，冷凍保存。

茼蒿泥

用鹽水烹煮茼蒿，放進攪拌機攪拌成泥狀，急速冷卻後，冷藏保存。

作法

1. 用廚房紙巾把干貝的水分吸乾，撒上少許鹽巴。

Point
單面焦黃後，翻面，另一面只用餘熱煎烤至半熟。

2. 橄欖油用平底鍋加熱，放進干貝，煎烤上色後，加入奶油，翻面後，關火。

3. 把2的干貝縱切成對半，放進田螺奶油裡面，讓干貝裹滿田螺奶油。

4. 把2平底鍋裡面的油倒掉，放進切成薄片的蓮藕，添加橄欖油進行香煎。加入少量的水，把蓮藕煮熟。

Point
干貝的鮮味會殘留在平底鍋底部，烹煮時可以稍微刮擦鍋底，讓蓮藕沾染鮮味。

5. 把煎好的蓮藕放進3的調理盆裡面，粗略混拌。

6. 製作醬汁。把魚高湯放進鍋裡加熱，加入青海苔和茼蒿泥加熱。

Point
除了青海苔的礁岩香氣之外，只要再加點茼蒿的苦味，就能讓味道更有層次。

7. 把5的干貝和蓮藕裝盤，淋上田螺奶油，淋上醬汁，裝飾上茴香芹幼苗、菊花花瓣，淋上EXV.橄欖油。

香煎干貝佐田螺奶油

把田螺奶油包裹在煎得香酥的干貝上面，搭配大量添加了青海苔和茼蒿香氣的醬汁。利用煎過干貝的平底鍋煎蓮藕，讓蓮藕吸附干貝的鮮味。主廚善用烹調技巧，從作為醬汁底料的魚高湯開始，絕對不浪費絲毫食材。

半熟鰤魚和白花椰菜
佐白酒醬

肉質濕潤的魚肉採用低溫烹調。進一步把魚皮煎成酥脆，誘出皮下的鮮味。為了實現這種絕妙的加熱方法，刻意把鰤魚切得厚一點。配色就如同主廚的一貫理論，白肉的鰤魚就搭配白色的花椰菜。白花椰菜分別採用泥狀和生食兩種不同口感。醬汁也搭配白酒醬，同時再增添柚子香氣。

▶鰤魚

使用富含油脂且厚實的冬季鰤魚。大型的鰤魚採購四分之一的份量，盡可能充分使用，以避免浪費。可作為生魚片，新鮮度絕佳的鰤魚採用低溫烹調，保留生食口感。

備料

鰤魚的低溫烹調

鰤魚（魚片）⋯130g
醃泡鹽＊⋯適量
橄欖油⋯適量
百里香⋯3支　月桂葉⋯1片

醃泡鹽

鹽巴⋯50g　海藻糖⋯15g
月桂葉⋯1片
紅胡椒⋯適量
用攪拌機把月桂葉和紅胡椒攪成細碎，再和鹽巴、海藻糖混在一起。

烹調＆擺盤

〈材料〉2盤份
鰤魚（低溫烹調）＊⋯130g
橄欖油⋯適量
白花椰菜（切片）＊⋯適量
蘑菇⋯適量
鹽巴、油醋（→p.73）⋯各適量
松露油⋯數滴
白酒醬＊⋯適量
鮮奶油⋯適量
白花椰菜泥＊⋯適量
EXV.橄欖油⋯適量
柚子皮⋯適量

白花椰菜

切成薄片，放進水裡浸泡備用。泡水後，白花椰菜會稍微捲曲，形狀呈現立體。瀝乾水分後使用。

白花椰菜泥

白花椰菜分株，切成薄片。橄欖油加熱後，放進洋蔥，撒點鹽巴翻炒。洋蔥變軟後，加入白花椰菜拌炒，加入肉汁清湯，持續烹煮直到變軟。用攪拌機攪拌成泥狀。

▌白酒醬

把鮮奶油倒進營業前預先製作備用的白酒醬底料，稍微熬煮收汁，調味後備用。

▌白酒醬的底料

橄欖油加熱後，放入火蔥，撒點鹽巴翻炒。產生水分後，加入蘑菇，撒點鹽巴，拌炒均勻後，加入白酒，熬煮收汁。加入肉汁清湯，稍微熬煮，試味道，用鹽巴調味後，用濾網過濾。將其冷凍保存。

Point

預先製作醬汁的底料，就可以縮短熬煮的時間。在加入鮮奶油之前，預先製作備用。製作成讓人感受到的蔬菜精華或肉汁清湯的醬汁。

---

1. 鰤魚處理成魚片，撒上醃泡鹽，放進冰箱醃泡一晚。

2. 用流動的水洗掉鰤魚的鹽巴，把水分擦乾，放進真空包裝用的真空袋裡面，和橄欖油、百里香、月桂葉一起真空包裝，放進38℃的蒸氣烤箱裡面加熱50分鐘。

3. 從蒸氣烤箱裡面取出，放進冰水裡快速冷卻，冷藏保存。

Point

採用真空烹調，可利用油或香草的香氣，去除掉魚的腥味，出爐的時候，魚肉呈現濕潤鬆軟的口感。

---

1. 取出低溫烹調的鰤魚，用橄欖油預熱的平底鍋煎魚皮。

Point

煎魚皮的時候，要用手指稍微按壓，讓整面魚皮平貼於平底鍋。

2. 魚皮呈現焦黃酥脆後，側面也要稍微平貼於鍋底，然後翻面。魚肉面也是稍微平貼鍋底後起鍋。

Point

為了烹製出半熟口感，僅止於稍微平貼於鍋底的程度即可。享受魚肉半熟感和魚皮酥脆香氣的強烈對比。

3. 用廚房紙巾按壓吸附油脂後，切成對半。

4. 把白花椰菜和蘑菇放進調理盆，稍微撒點鹽巴，加入油醋、松露油混拌。

Point

切成對半後，沒有平貼於鍋底的那面和平貼於鍋底的那面，兩者之間的對比更加鮮明。

5. 把白花椰菜泥鋪在盤底，滴上少量EXV.橄欖油，把3的鰤魚放在上面，再層疊上4的食材。淋上添加了鮮奶油的溫熱白酒醬，淋上EXV.橄欖油，撒上柚子皮碎屑。

Point

鰤魚和白花椰菜的產季相同。相同顏色的食材，味道也比較契合，所以便統一採用白色。

烤金線魚茼蒿湯

醃泡滲透入味的金線魚，用烤箱慢火烘烤。金線魚的魚皮比較軟，所以不需要煎烤，放進帶有茼蒿和柚子香氣的湯裡面浸泡入味。作為冬季菜單的湯品，起鍋後再添加一些柚子汁，烹製成香氣絕佳的一道。

▶金線魚

擁有優雅且纖細味道的白肉魚，魚皮紋路十分漂亮，肉質軟嫩。在邁入產季的冬天使用。處理成魚片後，撒上醃泡鹽，製成真空包裝保存備用。

材料 〈1盤份〉

金線魚（醃泡）…70g
橄欖油…適量
魚高湯（→p.88）…適量
茼蒿泥（→p.82）…適量
柚子汁…適量
抱子羽衣甘藍（鹽水烹煮）…適量
EXV.橄欖油…適量
柚子皮…適量

作法

1. 把醃泡後的金線魚的水分擦乾，抹上橄欖油，放進250℃的烤箱裡面。

Point

小型魚大多會在處理成魚片後，進行醃泡，然後採用真空包裝的方式保存。這樣的作業方式比較有效率，同時味道也比較穩定。

Point

烘烤的時間需依魚肉的厚度調整改變，關鍵是不要烤得太熟，要在微熱狀態下取出。金線魚的魚皮比較薄，就算魚皮不經過煎煮，同樣也非常美味，同時還能充分運用魚皮本身的美麗紋路。

2. 把茼蒿泥放進魚高湯裡面混拌，擠入柚子汁加熱。煮沸後，添加茼蒿泥，調整色澤。

3. 把金線魚放進加熱的容器裡，將抱子羽衣甘藍放在周圍，倒入2的湯，淋入EXV.橄欖油，撒點柚子皮碎屑。

Yerite的高湯醬

Yerite的高湯和醬汁大多都是提前製作，然後再冷凍保存備用。這裡介紹，利用雜碎魚肉和魚骨、蔬菜邊角料烹製的「魚高湯」，以及甜蝦殼熬煮製成的「甜蝦醬」。

魚高湯

以雜碎魚肉和魚骨為主，然後再加上蔬菜的邊角料、皮、香草的莖等，原本應該丟棄的剩餘部分，徹底萃取出鮮味和香味，將其應用於高湯。雖然高湯的味道每次都可能不同，不過，還是能透過烹調技巧，把它作為香料使用。

材料

以真鯛的雜碎魚肉和魚骨為基底。撒上些許鹽巴，靜置一段時間後，進行汆燙去腥，再用流動的水清洗乾淨，去除腥臭味。如果冷凍庫裡面有冷凍保存的扇貝邊，也可以加入扇貝邊。

蔬菜的邊角料。使用所有準備丟棄的部分。把胡蘿蔔皮、洋蔥皮、蘑菇的梗等準備丟棄的部分全部留下來，用來熬煮高湯。

月桂葉、百里香、香草的莖、白芹的葉子都可以活用。也可以添加高湯昆布，藉此補足高湯的鮮味。

作法

1. 把真鯛的雜碎魚肉和魚骨放進鍋裡，如果有扇貝邊，也可以一併加入，倒入淹過食材的水，開火加熱。

2. 煮沸後，雜味會溢出，將浮渣撈除。

3. 浮渣清除後，加入蔬菜邊角料、香草、高湯昆布，持續烹煮30分鐘。

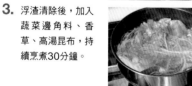

4. 用網格略粗的濾網過濾，去除雜碎魚肉和魚骨、蔬菜邊角料後，改用網格較細的濾網再次過濾。

5. 用小火烹煮過濾後的高湯，熬煮收汁。

Point

在熬煮收汁的狀態下保存，就可以馬上使用。另外，熬煮收汁之後，份量會減少，就能減少保存空間。

6. 熬煮收汁至某程度後，放涼，分裝到寶特瓶等容器裡面冷凍保存。

Point

考量到各種料理的應用性，在不進行調味的情況下直接保存。

甜蝦醬

為了不浪費食材的鮮味，先用平底鍋拌炒材料，然後再讓巴在鍋底的鮮味，融入滲透到下個步驟的湯汁裡面。在備料階段熬煮收汁，也能縮短料理烹調的作業時間。

材料

甜蝦的頭和殼⋯500g
橄欖油⋯適量
米雷普瓦
　胡蘿蔔（切片）⋯1/2條
　西洋芹（切片）⋯1/2支
　洋蔥（切片）⋯1/2顆
　蒜頭（切片）⋯適量

干邑白蘭地⋯適量
鹽巴⋯適量
咖哩粉⋯適量
番茄醬⋯1～2大匙
白芹葉、香草莖（洋香菜或蒔蘿）、月桂葉、百里香⋯各適量
高湯昆布⋯1片
利口酒、鮮奶油⋯各適量

作法

1. 使用預先保存在冷凍庫裡面的甜蝦頭和殼。解凍後，把水瀝乾。

2. 用平底鍋加熱橄欖油，把1放進鍋裡拌炒。基本上不需要太常攪動，用大火煎烤出香氣。偶爾用木鏟稍微按壓，擠出甜蝦的精華，上下翻攪，讓水分揮發。

3. 呈現香酥狀態後，加入干邑白蘭地，確實溶出沾黏在平底鍋鍋底的鮮味後，把材料倒進鍋裡。

4. 把水倒進炒甜蝦的平底鍋，將殘留在鍋底的鮮味刮下，倒進3的鍋裡。

5. 用4的平底鍋加熱橄欖油，加入米雷普瓦拌炒。加入少許的鹽巴，釋出水分後，充分拌炒。

6. 蔬菜變軟後，加入咖哩粉、番茄醬確實拌炒，將材料倒進4的鍋裡。

7. 再次把水倒進炒蔬菜的平底鍋，刮下殘留在鍋底的鮮味，倒進4的鍋裡。

8. 在7的鍋裡倒入幾乎淹過食材的水量，煮沸，撈除浮渣，加入香草類的材料和高湯昆布，用小火烹煮1～2小時。

9. 充分熬煮後，用濾網過濾，移除甜蝦和蔬菜，再進一步用網格更細的濾網過濾。

10. 熬煮過濾後的甜蝦高湯，達到一定程度的濃度後，加入利口酒、鮮奶油，再進一步熬煮收汁，用鹽巴調味，製作成醬汁。

Point
熬煮成馬上就能應用在料理的狀態，冷凍保存。盡可能濃縮保存，就不會佔空間。

mille

　儘管『mille』的店內裝潢是採用十分隨興的小酒館風格，不過，店內提供的料理卻是非常正統的法式料理。千葉主廚總是能在最佳的時機完成需要費時準備的配料，同時還需要服務客人。有時千葉主廚也需要處理客人的紅酒訂單，同時他也經常陪客人聊天，讓客人不會感到無聊。這些服務全都由他一手包辦。在小酒館開始籌備之前，他就已經決定採用一人作業的方式，所以不管是烹調器具、店內的動線，甚至是烹調場所和吧檯之間的間距，全都經過非常精密的計算。拉開吧檯與烹調場所之間的距離，營造出悠閒享受美食和紅酒的空間。

　甚至，為了避免客人久候，菜單的設計也十分用心。菜單順序是開胃小菜（Amuse Bouche）、前菜（魚料理）、主菜（肉料理）、甜點。開胃小菜控制在300日圓至500日圓之間的低廉價位，每天準備5種。儘管只有一口大

小，不過，料理本身卻十分精緻，不是在塔皮上面擺放醃泡的花枝，就是在聖護院蕪菁的巴伐利亞奶油上面，擺放用檸檬風味的橄欖油醃泡的干貝。這種開胃小菜的魅力是可以一次點多種口味，客人就可以一邊喝著紅酒，慢慢等待下一道料理上桌。

　海鮮的採購除了開業以來，基於信任而固定採購的批發業者之外，有時也會利用專為餐飲業者提供零售採購服務的網站。

　採購的海鮮會浸泡在冰裡面，然後裝進冰箱裡的保麗龍箱保存，藉此提高保存性。

　甚至，也會善用先真空包裝，再用低溫調理器進行油封等，能夠預先處理的烹調法，盡可能避免造成浪費。除了開胃小菜外，前菜也準備了多種使用海鮮的冷前菜和溫前菜。

　把鮪魚、油菜花和鮮豔的蘿蔔鋪在派皮上的「鮪魚千層酥」、與白花椰菜泥混拌的溫熱「麥

兼具小酒館優閒氛圍與餐廳
細膩風味及擺盤的海鮮料理

照片上）比起「搭配料理，自己想喝的口味才是最棒的」，基於這樣的考量，所以通常都是請客人從多瓶天然紅酒中進行挑選。杯裝1100日圓起，瓶裝6000日圓起。
照片右）小酒館的標誌是葡萄葉。原本是車庫的店內，天花板比較高，沒有裝潢的混凝土和木紋質感很速配。

主廚 千葉稔生

烹調師學校畢業後，在『Pot au Feu』、『KOBAYASHI』、『The Crescent』等都內的正統法國餐廳累積經驗。29歲的時候，希望進入米其林餐廳工作而寄出自我推薦信，在取得許可後前往法國。累積一年豐富經驗後歸國。回國後，在三軒茶屋的酒吧擔任主廚4年，2019年4月獨立門戶。

年牡蠣」、用夏季蔬菜的法式脆餅和櫛瓜醬製作出清爽口感的「星鰻貝奈特餅」等，不論是哪一種，都能夠充分品嚐到海鮮和季節蔬菜的美味。不光是海鮮，蔬菜不是用鹽巴誘出鮮味，就是磨製成泥，又或者放進醃料中浸泡，用海鮮×蔬菜激盪出餐廳般的奢華風格。

　　醬料所不可欠缺的魚高湯或蛤蜊湯，在備料階段確實熬煮收汁，讓鮮味更加濃郁。藉此縮短餐點上桌的時間。同時也會預先準備塔皮、酥皮、花結酥皮或布里歐修等能夠預先烤起來放的食材。透過這樣的備料技巧，為主廚和顧客帶來更多沒有壓力的時間。

SHOP DATA

■住址／東京都中央区東日本橋2-8-1 ケインズ東日本橋1F
■TEL／03-5829-8138
■營業時間／18:00～23:00（L.O.23:00）
■公休日／星期日
■客單價／8000～1萬日圓

軟翅仔松露塔

每天準備的多種開胃小菜,以預先烤好的塔皮為基底,製作出格外獨特
的海鮮料理。把軟翅仔切成小丁塊,用黑松露和松露油混拌,再進一步
把切成細條的松露放在上面。一口就能同時獲得口感、氣味與味道上的
大大滿足。有時也會依季節的不同,提供櫻花蝦塔或白魚塔。

▶軟翅仔

肉厚且帶有強勁的甜味，大部分都是生吃。沒有用完的部分，真空包裝之後，冷凍保存。

▍軟翅仔的預先處理

1. 清除身體和內臟之間的空間，把內臟連同腳一起拉出。切開身體的中央，取出軟骨和殘留的內臟，用流動的水仔細沖洗。把鰭從身體上撕下。用紙把薄皮剝下，進行竹簡切。

▍脆餅派皮

把低筋麵粉和鹽巴、切成細碎的奶油搓揉至鬆散狀，加入蛋液彙整成團。

1. 脆餅派皮在冰箱內靜置1～2小時後，將厚度擀壓成1mm左右，再放進冰箱靜置1～2小時。用圓形圈模把脆餅派皮壓切成比模型更大的圓形，將其鋪在塔模裡面，放進冰箱內冷藏。

Point

在每次的作業步驟，把派皮放進冰箱內靜置，就能製作出酥脆口感。

2. 把超出塔模的脆餅派皮切除，用叉子在脆餅派皮上面扎洞。把烘焙紙放在上面，鋪上塔石重壓，藉此避免脆餅派皮膨脹隆起，用175℃的烤箱烤15～16分鐘。出爐後，在鐵網上放涼，用裝有矽膠的保存容器進行保存。

〈材料〉3個
　軟翅仔（竹簡切）…110g
　黑松露（細末）…適量
　火蔥（細末）…適量
　鰹魚魚露（魚醬）、鹽巴…各適量
　松露油、EXV.橄欖油…各適量
　脆餅派皮＊…3個
　黑松露（細條）…適量
　茴香芹…適量

1. 軟翅仔切成細條後，切成略小的丁塊，放進底部接觸冰水的調理盆裡面。

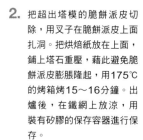

2. 加入黑松露、火蔥，用鰹魚魚露和鹽巴調味，將整體攪拌均勻。

3. 加入松露油增添香氣，用EXV.橄欖油拌勻後，用脆餅派皮裝起來，再裝飾上黑松露和茴香芹。

黑鮪魚、油菜花與七彩蘿蔔酥皮
洛克福起司風味　辣根奶油

在薄烤的派皮上面，裝滿黑鮪魚、紅蘿蔔、綠蘿蔔和油菜花。鮪魚薄塗鯷魚魚露，蘿蔔薄塗油醋，藉此提升各自的風味，然後再均衡配置。鮪魚搭配山葵，再隨附辣根奶油，撒上洛克福起司的碎屑，強調風味和鹹味。

▶黑鮪魚

使用天然或養殖的黑鮪魚。指
定背肉，採購油脂適中的部
位。色澤如果變差，就無法用
來生吃，所以要擦掉解凍釋出
的水，放進冰塊裡面保存。

鮪魚的預先處理

1. 用廚房紙巾把鮪魚解凍釋出
   的水擦乾，分切成容易使用
   的大小。用剪刀剪掉略厚的
   魚皮部分。

2. 把暫不使用的魚塊放進冰塊
   裡面。用2片重疊的廚房紙
   巾把魚塊包起來，再進一步
   用保鮮膜確實包裹。接著再
   放進厚一點塑膠袋裡面，放
   進裝滿冰塊的保麗龍箱裡面
   保存。這個狀態可以保存一
   星期左右。

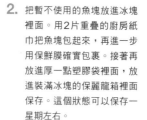

酥皮

把麵粉和鹽巴、水、奶油混合
在一起，彙整成團後，靜置一
晚。用擀麵棍擀壓折疊用的奶
油，用擀平的麵團包起來，一
邊撒上手粉，一邊擀壓，製作
成三折。暫時冷卻之後，再進
一步折成三折。就這樣反覆幾
次。靜置之後，擀壓成厚度
2mm左右的烤盤大小。保存
的時候，用烘焙紙隔開冷凍保
存。

1. 取出冷凍的酥皮，將邊緣切
   齊，放在鋪有矽膠烤盤墊的
   烤盤上面。

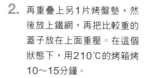

2. 再重疊上另1片烤盤墊，然
   後放上鐵網，再把比較重的
   蓋子放在上面重壓。在這個
   狀態下，用210℃的烤箱烤
   10～15分鐘。

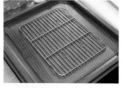

Point

烤的時候，上方擺放重物是
為了預防酥皮膨脹隆起。中
途檢查一下狀態，如果出現
隆起的狀態，就利用重物加
壓，把隆起的部分壓回。

3. 酥皮確實呈現烤色之後，拿
   掉重物，每隔2分鐘確認一
   次狀態，烤好後，在鐵網上
   放涼。

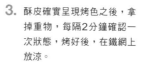

Point

酥皮呈現烤色之後，狀態就會比較穩定，就可以拿掉重物繼續烤。

黑鮪魚、油菜花與七彩蘿蔔酥皮
洛克福起司風味　辣根奶油

烹調 & 擺盤

〈材料〉1盤份
　黑鮪魚（魚塊）…40g
　鰻魚魚露（魚醬）、岩鹽…各適
　　量
　酥皮…適量
　鮮奶油…適量
　辣根（西洋山葵）…適量
　鹽巴…適量
　油菜花（鹽水烹煮）…2支
　紅蘿蔔（切片）、綠蘿蔔（切
　　片）…各2片
　金柑（切片）…1片
　油醋＊…適量
　EXV.橄欖油…適量
　西洋芹苗…適量
　洛克福起司…適量

油醋

　沙拉油…750g
　橄欖油…750g
　覆盆子醋…200g
　柑橘醋…50g
　法國第戎芥末醬…100g
　蜂蜜…65g
　鹽巴…30g
　白胡椒…5g
　把所有材料混合在一起。預先
　製作，冷藏保存。柑橘醋的
　Calamansi是柑橘的一種。

1. 製作辣根奶油。調理盆的底
部接觸冰水，加入打發至
硬挺程度的鮮奶油、辣根混
拌，用鹽巴調味。

2. 油菜花撒上些許鹽巴，用油
醋拌勻。紅蘿蔔、綠蘿蔔
也撒上些許鹽巴，塗抹上油
醋。

3. 把作為基底的酥皮切成長方
形。

4. 把黑鮪魚切成薄片，再進一
步切成對半，抹上鰻魚魚
露，撒上些許鹽巴。

5. 把油菜花、鮪魚、蘿蔔重疊
擺放在酥皮上面。放上金
柑，淋上EXV.橄欖油，放
上西洋芹苗，把步驟1的鮮
奶油塑形成紡錘狀，隨附在
一旁，同時淋上EXV.橄欖
油。最後再撒上些許洛克福
起司碎屑。

Point

希望加上些許洛克福起司的香氣，所以起司要預先冷凍，比較方便
削成碎屑。

法國阿爾薩斯的天然紅酒「Mille
Lieux sur peaux」，柑橘風味和鮪
魚的油脂十分契合。

聖護院蕪菁的巴伐利亞奶油　柚香韃靼干貝

聖護院蕪菁的
巴伐利亞奶油
柚香韃靼干貝

花時間慢火燜煮蕪菁，鎖住甜味。和奶油混在一起，製作成柔滑的巴伐利亞奶油，再混入干貝的黏滑甜味。上桌之前，再加上柚子的香氣，製作成冬天的冷前菜或開胃小菜。加上新鮮蕪菁和蕎麥籽，增加重點口感。

▶干貝

直接採購處理好的干貝肉。除了運用其黏滑的甜味，製作成韃靼之外，也可以製作成香煎干貝。帶筋腱的部分，口感會變差，需要進一步切除。

烹調&擺盤

〈材料〉1盤份
　干貝肉…3個
　聖護院蕪菁的巴伐利亞奶油
　　＊…1個
　鹽巴、柚子汁…各適量
　EXV.橄欖油、檸檬風味的橄
　　欖油＊…各適量
　聖護院蕪菁…適量
　柚子皮、蕎麥籽、花穗紫蘇…
　　各適量

1. 干貝橫切成相同厚度後，切成骰子切。放進底部隔著冰水的調理盆，加入鹽巴、柚子汁、EXV.橄欖油、檸檬風味的橄欖油混拌。

2. 把聖護院蕪菁切成比干貝更小的丁塊，混進1的調理盆內，用鹽巴調味，放在預先製作好的聖護院蕪菁的巴伐利亞奶油上面。

＊橄欖油
　使用2種橄欖油。利用和海鮮十分對味的義大利西西里EXV.橄欖油，和檸檬風味的橄欖油來增添香氣和風味。

3. 淋上EXV.橄欖油，撒上些許柚子皮碎屑，撒上蕎麥籽，裝飾上花穗紫蘇的花以及果實。

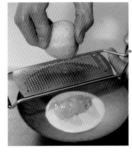

Point

用蕪菁的爽脆和蕎麥籽的硬脆來增添口感。

材料 〈備料量〉

▌聖護院蕪菁的
巴伐利亞奶油

聖護院蕪菁…1/4～1/3個
洋蔥（薄片）…1/4個
沙拉油、奶油、鹽巴…各適量
肉汁清湯＊…適量
明膠片…5g
鮮奶油（乳脂肪量42％）…適
　量

▌肉汁清湯

用清水熬煮雞骨、胡蘿蔔、西
洋芹、洋蔥、蒜頭和香草的
莖，然後過濾。一次大量備
料，再用真空包裝，冷凍保
存。依照使用情況進行解凍，
煮沸後使用。

備料

1. 削掉聖護院蕪菁的外皮，然
後切成略小的骰子狀。

2. 用鍋子加熱沙拉油和奶油，
放入洋蔥，翻炒均勻，加點
鹽巴，讓水分釋出，蓋上鍋
蓋燜煮。

3. 洋蔥變軟後，加入蕪菁，用
稍微沸騰程度的火候進行燜
煮。

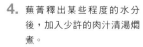

4. 蕪菁釋出某些程度的水分
後，加入少許的肉汁清湯燜
煮。

> **Point**
>
> 蔬菜釋出的水分含有蔬菜
> 的精華和糖分，因此，附
> 著在鍋蓋上的水滴也不要
> 浪費。

5. 蕪菁煮熟後，用濾網過濾，
把蕪菁和湯汁分開。收乾湯
汁，讓味道更濃郁。

6. 把蕪菁放進攪拌機裡面攪
拌，同時也加入熬煮的湯汁
一起攪拌。呈現泥狀後，用
過濾器過濾，去除纖維。

7. 明膠片用冰水泡軟，將水分
確實去除後，倒入6的攪拌
機裡面。

8. 明膠溶解後，讓盆底接觸冰
水，用鹽巴調味，一邊攪
拌冷卻。完全冷卻後，加入
七～八分發的鮮奶油，輕柔
攪拌，避免氣泡消失。倒進
容器裡面，放進冰箱保存。

麥年牡蠣　白花椰菜泥
西洋菜香草沙拉

煎出酥脆焦黃色的麥年牡蠣，搭配香氣絕佳、味道微苦的西洋菜苗沙拉。鋪上
代替醬汁的白花椰菜泥。牡蠣只把表面煎成酥脆，保留多汁口感。用同一個平
底鍋香煎的油菜心，把牡蠣風味和奶油結合在一起。巴薩米克醋和最終擺盤都
使用堅果，藉此製作出堅果風味。

材料 〈備料量〉

白花椰菜泥

白花椰菜…1個
洋蔥（切片）…1/4個
沙拉油、奶油、鹽巴…各適量
肉汁清湯（→p.99）…適量
鮮奶油（乳脂肪含量42%）…適量

備料

1. 白花椰菜分切成小朵，再切成段。把沙拉油、奶油放進鍋裡加熱，放入洋蔥和鹽巴拌炒，蓋上鍋蓋燜煮。產生水分後，放入白花椰菜，撒點鹽巴，整體拌炒均勻後，蓋上鍋蓋進行燜煮。

2. 白花椰菜變軟之後，加入肉汁清湯烹煮，再進一步加入幾乎淹過食材的鮮奶油烹煮。

3. 白花椰菜變軟爛後，放進攪拌機裡面攪拌，然後再加入奶油，倒進鍋裡急速冷卻。

烹調 & 擺盤

〈材料〉1盤份
牡蠣…2粒
鹽巴、白胡椒…各適量
高筋麵粉、橄欖油…各適量
油菜心（鹽水烹煮）…1支
白花椰菜泥＊…適量
鮮奶油…適量
奶油…適量
西洋菜苗、平葉洋香菜、茴香芹…各適量
油醋（→p.96）…適量
白花椰菜（鹽水烹煮後香煎）…2塊
巴薩米克醋＊…適量
　＊巴薩米克醋和蜂蜜一起熬煮收汁，再添加榛果油。
杏仁（烘烤）、黑胡椒…各適量

▶牡蠣

指定採購三陸產，尺寸2L、3L的大顆牡蠣。用鹽水清洗2次，去除殘餘的殼或髒汙後，去除水分，冷藏保存備用。

1. 去除牡蠣的水分，撒上些許鹽巴、白胡椒後，抹上些許高筋麵粉，放進用橄欖油加熱的平底鍋，用大火煎煮。清出一些空間，也把油菜心放入。

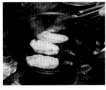

Point
牡蠣不要煮太熟，只用大火把表面煎酥，產生香味即可。

2. 趁煎煮牡蠣的期間，把白花椰菜泥加熱。確認一下濃稠度，如果太濃稠，就加點鮮奶油稀釋。

3. 牡蠣煎出焦黃色後，翻面，改用小火，放入奶油，取出油菜心，讓牡蠣裹上奶油。

4. 把西洋菜苗、平葉洋香菜、茴香芹放進調理盆，用油醋稍微混拌。

5. 把加熱好的白花椰菜泥鋪在盤底，放上牡蠣，再附上煎好的花椰菜和油菜心。倒入巴薩米克醋，把4的沙拉放在牡蠣上面，撒上烤好的杏仁，再撒點黑胡椒。

脆皮松葉蟹　燜燒皺葉甘藍
甲殼奶油醬

充滿甲殼鮮味的一盤。煎得酥脆的脆皮裡面填滿白肉魚魚漿，正中央則是甘甜的松葉蟹蟹肉。再搭配上用梭子蟹和甜蝦的濃醇高湯熬製而成的美式醬汁。蔬菜也是非常重要的配菜，海鮮高湯一定要搭配蘑菇。最後再加上與醬汁十分對味的檸檬香氣和辣椒粉。

材料〈一盤份〉

脆皮松葉蟹＊…1個
薄麵皮…1片
橄欖油…適量
甲殼奶油醬＊…適量
羅馬花椰菜（鹽水烹煮）
　　…2塊
皺葉甘藍…2～3片
甜豆（鹽水烹煮後，分成對
　　半）…2～3片
奶油、肉汁清湯（→p.99）
　　…各適量
檸檬皮、辣椒粉…各適量
西洋芹苗的葉子…適量
檸檬風味的橄欖油…適量

作法

1. 用廚房紙巾擦乾脆皮松葉蟹的水分，把它放在薄麵皮上面。配合脆皮松葉蟹的長度，剪掉薄麵皮的兩端，將脆皮松葉蟹確實捲起來，避免出現縫隙。

Point

一邊確實煎烤麵皮，一邊溫熱裡面的魚漿慕斯。如果加熱過度，裡面的慕斯會膨脹，導致面皮破裂，需要多加注意。

2. 把橄欖油倒進平底鍋充分加熱，把1的接縫處朝下放進鍋裡。接縫處密合之後，改用小火，一邊滾動煎烤。

3. 加熱甲殼奶油醬。

4. 準備蔬菜。把奶油和肉汁清湯放進鍋裡，加入羅馬花椰菜，蓋上鍋蓋燜煮，同時也加上皺葉甘藍、甜豆快速烹煮。

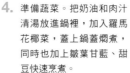 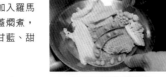 

5. 2的脆皮松葉蟹煎好之後，放在廚房紙巾上面，把油吸乾，切成對半。

6. 把4的蔬菜裝盤，倒入3的奶油醬，擺上5的脆皮松葉蟹。撒點檸檬皮，撒上辣椒粉，裝飾上西洋芹苗的葉子，滴上數滴檸檬風味的橄欖油。

材料 〈備料量〉

甲殼奶油醬

梭子蟹（冷凍）

甜蝦頭（冷凍）

橄欖油、奶油…各適量
米雷普瓦
　洋蔥（薄片）…1/4個
　長蔥（綠色部分）…適量
　胡蘿蔔（切片）…大1/3根
　西洋芹（切片）…1/2支
　蘑菇（切片）…3朵
鹽巴…適量
番茄醬…18g
番紅花粉…適量
白波特酒…適量
白酒…適量
西洋芹葉、百里香…各適量
鮮奶油…適量
馬尼奶油＊…適量
白胡椒、鹽巴…適量

馬尼奶油

奶油放軟，混入玉米粉。通常是用麵粉製作，不過，用玉米粉製作比較輕盈。

備料

1. 為了更容易熬出高湯，先把梭子蟹的關節部位敲碎。

2. 把橄欖油和奶油放進鍋裡加熱，放入1的梭子蟹和甜蝦頭翻炒。

Point
如果也有松葉蟹的殼，也可以一樣熬煮。和梭子蟹一樣，同樣要先把關節部位敲碎。

3. 產生香氣後，加入米雷普瓦拌炒，加入鹽巴，誘出蔬菜的味道。蔬菜變軟後，加入少許的番茄醬拌炒，加入番紅花粉增添色澤。

Point
基本上，米雷普瓦的比例是蔥類3、胡蘿蔔2、西洋芹1。西洋芹的香氣較強，所以份量要少一點。海鮮高湯幾乎都會添加蘑菇，藉此增添鮮味。

4. 倒入白波特酒至幾乎快淹過食材的程度，熬煮至水量剩下一半左右，添加白酒，再進一步加水熬煮。如果有西洋芹葉或百里香，可以加一點，藉此增添香氣。

Point
白波特酒是酒精濃度較高的甜味紅酒。主要是為了讓甲殼奶油醬帶有甜味。

5. 用網格略大的過濾器過濾高湯，一邊搗碎甲殼和蔬菜，一邊過濾。因為還會有較細的甲殼殘留，所以還要用網格較細的過濾器進一步過濾。

6. 把過濾後的高湯放進鍋裡熬煮，一邊撈除浮渣。收乾湯汁後，加入與高湯相同份量的鮮奶油，進一步熬煮。

7. 一邊確認濃稠度，分次少量加入馬尼奶油，用打蛋器充分攪拌，確實煮沸，避免造成結塊。用白胡椒、鹽巴調味後，用過濾器過濾到鍋裡，鍋底接觸冰水，進行急速冷卻。

Point
醬汁一定要過濾，才能製作出滑順口感。

材料 〈10個〉

┃脆皮松葉蟹

松葉蟹（蟹肉）…200g
白肉魚的魚漿…400g
鹽巴…2～3g
雞蛋…1顆
蛋黃…1顆
鮮奶油…適量
白胡椒…適量

▶松葉蟹

在冬天產季時期使用。大多
都是採購中型大小。因為新
鮮度損耗較快，所以到店之
後，就會馬上用鹽水煮熟。

備料

1. 松葉蟹用鹽水烹煮後，將
   蟹肉取出，去除外殼和軟
   骨，將蟹肉揉散。調理盆
   的底部接觸冰水，讓蟹肉
   維持冰冷程度。

> **Point**
>
> 加入鹽巴，讓魚漿產生黏
> 性。偶爾用抹刀混拌整體，
> 讓攪拌更均勻。

2. 把魚漿放進預先冷卻的
   食物調理機裡面，加入鹽
   巴，確實攪拌。產生黏稠
   度之後，把雞蛋和蛋黃混
   在一起輕輕攪拌，分2～3
   次倒入調理機裡面。接著
   分次加入鮮奶油，製作出
   柔滑的魚漿。

> **Point**
>
> 海鮮容易產生腥味，所以製
> 作期間要一邊隔著冰水，讓
> 溫度維持冰冷。

3. 把2的魚漿放進1的蟹肉
   裡面混拌，用白胡椒調味
   後，裝進擠花袋裡面。

4. 用麥克筆在流理台上做出
   長度標記（約20cm），
   平鋪上保鮮膜。把3擠在保
   鮮膜上面，拉起保鮮膜，
   將食材捲成圓筒狀。中途
   如果有某些部位出現較多
   空氣，就用金屬籤刺破，
   將空氣排出，確實捲緊。

5. 保鮮膜的邊緣也要確實
   捲緊，將多餘的保鮮膜剪
   掉。接著放在鋁箔紙上
   面，再進一步捲上一層鋁
   箔。

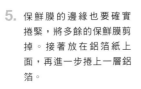

6. 在調理盤的底部放上鐵
   網，將5放在鐵網上面，
   放進蒸氣模式80℃的蒸氣
   烤箱，蒸煮30分鐘。蒸好
   後，放涼，放進冰箱冷藏
   備用。

星鰻貝奈特餅佐櫛瓜醬
夏日蔬菜脆粒與優格慕斯

把夏季盛產的星鰻製作成貝奈特餅，再將醃漬的夏日蔬菜放在上面，製作出南蠻漬般的風味。所謂脆粒的意思是指清脆的口感，除了醃料的酸味之外，口感清脆的黃瓜和甜椒則是吃起來十分清爽。隨附上連同外皮一起製作出鮮艷顏色的櫛瓜醬、優格慕斯、新鮮番茄，拼湊成充滿清涼感的一盤。

備料

▊ 星鰻的預先處理

▶星鰻

> 在進入產季的夏天登場。主要採購油脂豐富，長崎對馬產的星鰻。江戶前鰻盛產的時期也會使用江戶前鰻。

1. 用熱水澆淋星鰻的魚皮，魚皮呈現泛白後，浸泡冰水，冷卻魚肉。按壓吸乾水分後，用菜刀輕刮魚皮，刮掉黏液。

2. 去除黏液後，切成3等分，從邊緣開始劃刀，用骨切處理來切斷細小魚骨。

▊ 櫛瓜醬

櫛瓜…2條　橄欖油…適量　培根…1塊　洋蔥（薄片）…1/4顆
蒜頭（薄片）…1瓣　鹽巴…適量　肉汁清湯（→p.99）…適量

1. 櫛瓜削皮，切成段。櫛瓜皮用鹽水烹煮後，浸泡冰水，鎖住鮮綠色澤。

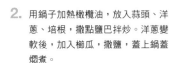

2. 用鍋子加熱橄欖油，放入蒜頭、洋蔥、培根，撒點鹽巴拌炒。洋蔥變軟後，加入櫛瓜，撒鹽，蓋上鍋蓋燜煮。

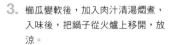

3. 櫛瓜變軟後，加入肉汁清湯燜煮，入味後，把鍋子從火爐上移開，放涼。

4. 熱度消退後，取出培根，用攪拌機攪拌。攪成粗粒後，加入櫛瓜皮一起攪拌，整體呈現柔滑狀後，倒進鍋裡，急速冷卻。冷卻後，蓋上保鮮膜密封，冷藏保存。

材料 〈備料量〉

▊ 優格慕斯

優格…100g　鹽巴、檸檬汁…各適量
鮮奶油（乳脂肪含量42%）…適量

1. 把廚房紙巾放在濾網裡面，倒入優格，用廚房紙巾包起來，放上重物，放進冰箱，把水瀝乾。

2. 把脫水的優格放進調理盆，加入鹽巴、檸檬汁，以及打發至硬挺狀態的鮮奶油，混拌。

Point

> 加上檸檬的酸味，讓鮮奶油更綿密。

Point

> 加上檸檬的酸味，讓鮮奶油更綿密。

備料

▌夏日蔬菜脆粒

黃、紅青椒…各1/4個
紫洋蔥…1/8個
醃料
　白酒醋…40g
　白酒…80g
　鹽巴…6g
　魚露…15g
　白砂糖…20g
　蒜頭（切片）…1瓣
　鷹爪辣椒…1條
　芫荽籽…適量

1. 甜椒削切成薄片後，切成細條，再進一步切成細粒。紫洋蔥也切成碎粒，一起放進鍋裡。

2. 把醃料的材料混在一起加熱，砂糖溶化後，倒進1的食材裡面。

▌貝奈特餅麵糊

低筋麵粉…60g
鹽巴…少量
乾酵母…1g
啤酒…適量

1. 把低筋麵粉、鹽巴和乾酵母混在一起，一邊觀察濃稠度，一邊添加啤酒，製作出豐潤的麵糊，放置在溫暖的場所發酵。

2. 發酵後，麵糊會產生氣泡。就能炸出輕盈的麵衣。

烹調&擺盤

〈材料〉1盤份
　星鰻（已完成骨切處理）
　　…1/3尾
　鹽巴、白胡椒…各適量
　高筋麵粉、貝奈特餅麵糊
　　＊…各適量
　炸油（沙拉油）…適量
　夏日蔬菜脆粒＊…適量
　黃瓜…1/4條
　櫛瓜醬＊…適量
　紅、黃小番茄（切片）
　　…各2顆
　蒔蘿、紅脈酸模…各適量
　優格慕斯＊…適量
　辣椒粉…適量

1. 星鰻撒上鹽巴、白胡椒，抹上薄薄的高筋麵粉，裹上貝奈特餅麵糊，放進170℃左右的油鍋裡油炸。

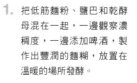

2. 把切成細碎的黃瓜放進蔬菜脆粒裡面混拌。

> **Point**
> 星鰻確實熟透會比較好吃。麵衣呈現焦黃色再起鍋。

3. 星鰻炸至焦黃色後，起鍋，把油瀝乾，切成對半。

4. 把櫛瓜醬鋪在盤底，放上星鰻，再層疊上蔬菜脆粒。裝飾上蒔蘿、撒上鹽巴的小番茄，隨附上塑型成紡錘狀的優格慕斯，上面再撒上辣椒粉，裝飾上紅脈酸模。

低溫油封藍點馬鮫佐新洋蔥醬與燜燒冬季根莖菜

低溫油封藍點馬鮫
佐新洋蔥醬與燜燒冬季根莖菜

藍點馬鮫醃泡之後，和檸檬、百里香、橄欖油一起真空包裝，放進溫度設定為50℃的低溫調理器。在緩慢溫熱魚肉的同時，讓油慢慢滲入。雖然不是生的，不過，卻也和加熱的魚肉截然不同，全新的質地令人驚豔。醬汁是由添加了檸檬汁和砂糖的濃郁魚湯製成。再搭配上入味的根莖蔬菜與新洋蔥醬，形成溫暖的一盤。

■ 烹調 & 擺盤

〈材料〉1盤份
醬汁
　魚高湯（熬煮濃縮）
　　＊…適量
　檸檬汁、鹽巴、精白砂糖
　　…各適量
　EXV.橄欖油…適量
低溫油封藍點馬鮫＊…50g
燜燒根莖菜
　奶油、鹽巴、肉汁清湯
　　（p.99）…各適量
　金時胡蘿蔔、牛蒡、蓮藕
　　＊…各1片
　＊分別切成適當大小，水
　　煮。
　紅蘿蔔（切片）…1片
　蠶豆（鹽水烹煮）…5顆
橄欖油…適量
新洋蔥醬＊…適量
甜豆（鹽水烹煮）、紅脈酸
　模、平葉洋香菜、蒔蘿…各
　適量
EXV.橄欖油…適量

1. 製作醬汁。在熬煮濃縮的魚高湯裡面加入檸檬汁、鹽巴、精白砂糖，充分混合，逐次加入EXV.橄欖油，讓高湯乳化。後續要偶爾攪拌，一邊持續溫熱。

Point

加熱過度會導致分離，所以維持些許溫熱的程度即可。

2. 製作燜燒根莖菜。把奶油、鹽巴、肉汁清湯放進鍋裡加熱，放入金時胡蘿蔔、牛蒡、蓮藕，稍微烹煮後，加入紅蘿蔔、蠶豆加熱。

3. 取出油封的藍點馬鮫，去除魚皮，切成略厚的魚片。放在鋪有烘焙紙的盤子上，抹上橄欖油，避免魚肉變乾，覆蓋上保鮮膜，用蒸氣模式80℃的蒸氣烤箱加熱1～2分鐘。

4. 加熱新洋蔥醬，將其鋪在盤底，擺上藍點馬鮫，再擺放2的燜燒根莖菜，撒上甜豆，淋上1的醬汁。裝飾上紅脈酸模、平葉洋香菜、蒔蘿，再淋上EXV.橄欖油。

材料 〈備料量〉

▌低溫油封藍點馬鮫

藍點馬鮫…300g
醃泡鹽
粗鹽…9g
三溫糖…3g
白胡椒粒…5g
芫荽籽…3g
檸檬（切片）…2片
百里香…2片
EXV.橄欖油…適量

▶藍點馬鮫

使用神經絞殺（活締）的藍點馬鮫。向豐洲市場的可靠業者購入。把整塊魚切成1/3～1/4的魚塊，真空包裝後，放進冰塊裡面保存。

▌魚高湯

趁新鮮的時候，把金線魚、紅金眼鯛或鮟鱇等的雜碎魚肉和魚骨冷凍保存起來。把解凍的雜碎魚肉和魚骨，放在炒好的米雷普瓦上面，加入白酒後，再補充一些水，慢火熬煮。有時會加點苦艾酒，有時則不會。沸騰之後，再持續慢火熬煮30分鐘。收乾湯汁。

▌新洋蔥醬

新洋蔥…1/4個
奶油、鹽巴…適量

備料

1. 用攪拌機把白胡椒粒和芫荽籽攪碎，和粗鹽、三溫糖混在一起，充分拌勻。

Point
醃泡鹽使用濃郁的三溫糖。同時也加了與海鮮十分對味的芫荽。

2. 把藍點馬鮫從真空包裝袋內取出，確實擦乾水分，兩面抹上醃泡鹽。用保鮮膜覆蓋密封，放進冰箱醃泡8小時。

3. 用流動的水把藍點馬鮫上面的鹽分洗掉，確實擦乾水分，切成對半。

4. 把藍點馬鮫逐塊裝進真空包裝用的袋子裡面，裝入少量的檸檬、百里香、EXV.橄欖油後，進行真空包裝。

Point
使用義大利西西里產的EXV.橄欖油。採用真空包裝的話，只需要少量的油就夠了。

5. 放進溫度設定為50℃的低溫調理器，加熱8～10分鐘。魚肉呈現透明之後，放進冰水裡浸泡冷卻。

1. 新洋蔥在切斷纖維的方向切成段。放進奶油預熱的鍋裡，撒上鹽巴，蓋上鍋蓋燜煮。為避免變色，偶爾要翻攪一下底部。

Point
切斷纖維之後，比較快熟透，也比較容易出水。

2. 洋蔥煮至軟爛後，用攪拌機攪拌，加入奶油，倒進調理盆，隔著冰水急速冷卻。

白帶魚的碎屑小麥餅煎
馬鈴薯泥和貝類奶油醬

肉質軟嫩的白帶魚，裹上碎屑小麥餅的麵衣後，下鍋乾煎，藉此增加酥脆口感。希望製作出比麵包粉更酥脆的口感，所以就用切碎的碎屑小麥餅來作為麵衣。醬汁是用苦艾酒和白酒來增添風味的蛤蜊高湯，然後再加上蔬菜高湯一起熬煮，藉此增添濃郁。

備料

白帶魚的預先處理

1. 白帶魚把長度平均分切之後，將身體剖開。菜刀從背後的中骨上方切入，留下腹部的皮，將身體剖開。中骨朝下放置，菜刀從背鰭上方切入，將上半身切開，去除背鰭和中骨。刮除身體中央的腹骨，縱切成對半。

▶ **白帶魚**

拍攝時的白帶魚是在千葉縣館山捕獲的。到店之後，馬上去除魚鰓和內臟，用流動的水清洗，去除血合肉，擦乾水分。味道清淡，肉質軟嫩。

▌蛤蜊奶油醬

帶殼蛤蜊（小）…1kg
米雷普瓦
　┃洋蔥（薄片）、長蔥
　┃（綠色部分）、胡蘿
　┃蔔（薄片）、西洋芹
　┃（薄片）…各適量
沙拉油、奶油、鹽巴
　…各適量
苦艾酒…適量
白酒…適量
百里香…適量
鮮奶油…適量
馬尼奶油（→p.104）
　…適量
白胡椒…適量

1. 蛤蜊請業者挑選高湯用的小顆種類。用流動的水確實清洗吐完沙的蛤蜊，把水瀝乾。

2. 用鍋子加熱沙拉油和奶油，放入米雷普瓦，撒上些許鹽巴拌炒。蔬菜變軟後，加入蛤蜊混拌，以1比3的比例倒入苦艾酒和白酒，加入百里香，蓋上鍋蓋燜煮。

3. 蛤蜊開口後，取出蛤蜊肉，把殼丟棄。蛤蜊肉還有精華殘留，所以要再次丟回湯裡煮沸，用過濾器過濾。稍微收乾湯汁後，加入鮮奶油熬煮。

4. 收乾湯汁後，用馬尼奶油調整濃度，用白胡椒調味。用過濾器過濾，去除結塊，底部接觸冰水，快速冷卻後，冷藏保存。

烹調＆擺盤

〈材料〉1盤份
新馬鈴薯泥
　┃新馬鈴薯…適量
　┃火蔥（碎末）、奶油、鹽巴、
　┃白胡椒、芥末粒、油醋（→
　┃p.96）…各適量
白帶魚（魚片）…2塊
鹽巴、白胡椒…各適量
高筋麵粉、蛋液、碎屑小麥餅麵
　衣＊…各適量
橄欖油…適量
奶油、肉汁清湯…各適量
花椰菜苗（鹽水烹煮）、高麗菜
　芽（鹽水烹煮）…各1個
蛤蜊高湯＊…適量
EXV.橄欖油…適量

▌碎屑小麥餅麵衣

把碎屑小麥餅切成1cm寬，放進低溫烤箱烘乾燥。

1. 製作新馬鈴薯泥。把奶油放進鍋裡，放入火蔥稍微翻炒，放入馬鈴薯，一邊壓碎，一邊拌勻，加入鹽巴、白胡椒、芥末粒、油醋調味。

Point
不要把馬鈴薯均勻壓碎，透過大小不同的顆粒，享受不同的口感。

2. 在白帶魚的兩面撒上鹽巴、白胡椒，僅在魚皮面沾上麵衣。在魚皮面薄塗高筋麵粉，抹上蛋液，沾上碎屑小麥餅，確實按壓。

3. 把較多的橄欖油倒進平底鍋加熱，沾有麵衣的那面朝下，放進鍋裡。麵衣呈現焦黃色後，翻面，馬上移到鋪有廚房紙巾的調理盤，把油瀝乾。

4. 把奶油和肉汁清湯放進另一個平底鍋，放入花椰菜苗和高麗菜芽煎煮，讓味道混合。

Point
如果一開始就使用高溫，麵衣就會焦黑。所以要從低溫開始慢慢加熱，一邊按壓，避免麵衣剝離。

5. 把圓形圈模放在盤子上，填入步驟1的新馬鈴薯泥，拿掉模型，放上白帶魚、花椰菜苗和高麗菜芽，倒入預先溫熱的蛤蜊醬汁。把EXV.橄欖油滴在醬汁上面，完成。

La gueule de bois

東京・中目黑

比餐廳更休閒，比小酒館更精緻。布山主廚的目標既不是正統的法國餐廳，也不是隨興的小酒館，而是添加了美食學（Gastronomy）元素的『餐酒館（Bistronomy）』。

櫃檯後方端出的料理是，有著宛如牛排那種豐厚新口感的「鰤魚冷盤」、漩渦狀章魚令人印象深刻的「辣味肉雜腸燉飯」、散發菊花芳香的「馬頭魚立鱗燒」等，把風味、口感和香氣細膩結合的嶄新料理。從國外的料理網站獲取鮮豔色彩和裝盤的靈感，然後再進一步透過腦力激盪發想出更別出心裁的每一盤料理。

布山主廚說：「我在尼斯的小酒館工作的時候，當時，儘管店內非常忙碌，主廚還是能夠憑藉著自己的靈感與創意不斷改變料理。在面對那種情況時，我便認為料理應該是自由的。」那個想法影響到布山主廚的每一個作業步驟，甚至就連原本該是理所當然的事情，布山主廚同樣也拋棄了「必須如此」的守舊觀念，重新做了一番檢視。

例如，野締處理的魚。價格比活締或神經締處理的魚來得低廉，但是，只要確實了解放血的方法，就能達到與活締處理相同的效果，延緩劣化。

布山主廚每星期都會前往豐洲市場採購海鮮兩次，親自選購、採買，再運送到店內。除了海鮮處理的知識之外，因為結識了許多熟知海鮮的商家，所以他因而培養了好眼力，熟知「哪個時期、哪個產地最好」。當然，他對於海鮮料理更是不遺餘力，店內分別準備了2～3種冷前菜、溫前菜、魚料理，同時再藉由從廣島香草農園等各地採購的無農藥蔬菜或香草，提供充滿季節感的料理。例如「香煎干貝」，寒冷季節的時候，會搭配裹滿南瓜泥的蓮藕，炎熱季節則是搭配夏季蔬菜，製作出清爽口感。

豐洲邂逅的海鮮就交給
自由創意，打造餐酒館

照片右）店內存放多達600～
700支的天然紅酒。杯裝
（900～1500日圓）有紅、白
各3種，瓶裝4500日圓起。
照片左）座位旁的牆壁直接保
留了當初內部裝潢時的拆除痕
跡。牆上還有主廚的塗鴉。

La gueule de bois

主廚 布山純志

23歲進入餐飲界，在居酒屋、餐飲店工作後，於29
歲前往法國。在尼斯的小酒館，在法國主廚身邊學習
一年。回國後，在銀座的法國餐廳、表參道的小酒館
工作後，於35歲自立門戶。靠著用自由創意打造的餐
酒館博得人氣。

　該店的魅力不光只有料理，主廚本身是個非常
健談的人，這一點從他和櫃檯內的其他廚師侃侃
而談，或是毫不拘泥的服務態度便不難發現。他
會邀請所有工作人員試喝當天的紅酒，並且進一
步分享感想。不管是紅酒也好，料理也罷，這樣
的做法都是為了讓工作人員能夠用自己的語言去
介紹紅酒或料理。

　主廚說：「我希望讓客人體驗到宛如遊樂園
般的樂趣。」紅酒重點推薦主廚在尼斯接觸過，
與身體自然融合的天然紅酒。店名『La gueule
debois』是法語『宿醉』的意思。希望來到這裡
的每位顧客，都能盡情享受料理和紅酒。

SHOP DATA

■住址／東京都目黑区東山1-8-6 サンロイヤル東山1F
■TEL／03-6884-4630
■營業時間／17:00～24:00、星期六、日、假日 15:00～24:00
■公休日／星期三、第4個星期二
■客單價／1萬日圓

真烏賊冷盤佐蕪菁、
烏魚子與魚露鹽漬鮭魚子

生烏賊的黏滑口感，加上水嫩的綾目雪蕪菁，增加口感亮點。真烏賊用容易入味的岩鹽調味。由於烏賊和綾目雪蕪菁都帶有優雅的甜味，所以就用魚露浸泡的鹽漬鮭魚子、用甘甜黃酒（Vin Jaune）熟成的烏魚子來增添濃醇味和鹹味。整體顏色也十分鮮艷。

▶真烏賊

從10月的年幼烏賊開始，直到1、2月的成年產季都會使用。因為人類的體溫會導致劣化，所以會放在冰水裡面，一邊維持低溫狀態，一邊進行烹調。

備料

1. 把手指插進身體和囊袋之間，把囊袋和墨魚腳一起拉出。位於囊袋和墨魚腳之間的口器、噴墨嘴也要移除。去除身體內的軟骨和墨魚鰭，一邊用流動的水沖洗，一邊剔除薄皮。處理乾淨的墨魚身體和墨魚鰭浸泡冰水備用。

2. 把墨魚身體和墨魚鰭的水分擦乾淨，切齊邊緣，用廚房紙巾把殘餘的薄皮剔除。用菜刀刮墨魚腳的吸盤，清除髒汙。

3. 排放在鋪有廚房紙巾的調理盤，上方再覆蓋一張廚房紙巾，再用保鮮膜密封，冷藏保存至營業時間結束。

Point

如果有水分殘留，就會造成劣化，所以要徹底吸乾水分後再保存。

■ 魚露鹽漬鮭魚子

　筋子…1筋
　鹽水（1%）…適量
　魚露…25ml
　葵花籽油…150ml

備料

1. 把熱水煮沸，放入鹽巴溶解，讓熱水呈現稍微有點鹹味的感覺。倒進調理盆，溫度調整到40～50℃，把筋子放入，一邊剝開筋子，把筋去除。

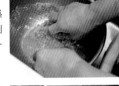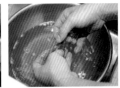

2. 換水1～2次，換水的時候要小心，避免薄皮剝開。用濾網撈起來，放進冰箱，確實瀝乾水分。

3. 把葵花籽油倒進魚露裡面，讓魚露乳化，把瀝乾水的鮭魚子放進魚露裡面浸漬。浸漬1天後就可以使用。

Point

使用就算冷卻也不會凝固的葵花籽油。添加些許油膩感，就能更容易和其他材料混合。

烹調&擺盤

〈材料〉1盤份
　綾目雪蕪菁…1/2個
　油醋（→p.118）…適量
　鹽巴…1撮
　真烏賊（已解體）…1/4尾
　鹽巴、岩鹽、EXV.橄欖油、檸檬
　　汁…各適量
　自家製烏魚子…適量
　魚露鹽漬鮭魚子＊…適量
　柚子皮…適量

1. 綾目雪蕪菁切成薄片，加入油醋和鹽巴拌勻，放進冰箱冷藏備用。

Point

口感會因為部位而有不同。平均分配部位，就能同時享受到多種口感。

2. 解體的真烏賊平均分配身體、鰭、腳、嘴等部位。身體和鰭切成細條，腳則一條一條分開。

3. 用鹽巴、岩鹽、EXV.橄欖油、檸檬汁混拌2的真烏賊，裝盤，把1冷卻備用的小蕪菁放在上方。

Point

岩鹽的香氣、顏色的滲透速度比較快，也能成為味覺亮點。

4. 最後撒上自家製烏魚子的碎屑，再撒上魚露鹽漬鮭魚子、柚子皮碎屑。

Point

烏魚子是鹽漬之後，再用黃酒醃漬而成。帶有甜味與苦味的黃酒，其風味與酒精都比較強烈，能夠讓烏魚子的風味更加豐富。

塔丁風格的醃泡沙丁魚

把油脂豐富的醃泡沙丁魚、酸甜的澳洲青蘋和醃泡甜椒堆疊成立體狀。沙丁魚的熟成感、澳洲青蘋的新鮮感令人印象深刻。放在法式長棍麵包上面拿著吃的輕食風格，讓人終生難忘。醃泡沙丁魚可以提前製作，同時又具有保存性，因此，可以常備用來作為全年都能適用的冷前菜。

烹調 & 擺盤

〈材料〉1盤份
醃泡沙丁魚＊…1尾
醃泡甜椒＊…1塊
澳洲青蘋（青蘋果）…1/8個
EXV.橄欖油…適量
塔丁＊…1片
　＊長棍麵包切成薄片，抹上奶
　　油後烘烤。
酸豆橄欖醬＊…適量
油醋＊…適量
洋香菜油…適量
香雪球花、幼嫩葉（胡蘿蔔葉、
　芫荽）…適量

醃泡甜椒

甜椒直火燒烤，直到外皮呈現焦黑。剝掉外皮，用白酒醋、橄欖油、蒜頭進行醃泡。

酸豆橄欖醬

黑橄欖…150g
鯷魚…30g
酸豆…70g
鹽巴…少許
檸檬汁…少許
蒜頭油…少許
把所有材料混在一起，放進攪拌機裡面攪拌。

油醋

以1比2的比例，把白酒醋和葵花籽油混合在一起，再用鹽巴調味。油醋本身幾乎很少用來調味，而是作為涼拌蔬菜等的緩衝材使用。添加胡椒會太刺鼻，所以製作的時候不添加胡椒。

1. 把醃泡甜椒和澳洲青蘋切成細條，用EXV.橄欖油拌勻。

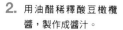

2. 用油醋稀釋酸豆橄欖醬，製作成醬汁。

3. 把醃泡沙丁魚放在塔丁上面，疊上步驟1的食材，再淋上醬汁。淋上洋香菜油，裝飾上香雪球花和幼嫩葉。

材料 〈備料量〉

■ 醃泡沙丁魚

沙丁魚…16尾（2kg）　鹽巴…沙丁魚重量的2%
白酒醋…150～200ml
蒜頭（細末）…1瓣
葵花籽油…適量

▶沙丁魚

向豐洲市場內食材最新鮮的店家採購。拍攝時是北海道產。醃泡主要挑選形狀良好的中型尺寸。確實鹽漬，藉此去除腥臭味。

備料

1. 從尾巴開始往頭部刮除魚鱗，依序切掉尾巴、頭部。剖開腹部，去除內臟，用流動的水清洗乾淨。

Point

處理身體的時候，尾巴會造成妨礙，所以要預先切除。

2. 擦乾水分，切成三片切，刮除腹骨，拔掉小刺。

Point

因為要採用醋漬，所以可以直接略過細小的小刺。

3. 在調理盤撒上些許鹽巴，魚肉朝下排放，魚皮部分也撒上少許鹽巴。上方重疊上保鮮膜，撒上些許鹽巴，魚肉朝下排放，魚皮部分撒上少許鹽巴。

4. 輕蓋上保鮮膜之後，再用保鮮膜進一步密封，放進冰箱熟成1小時。

Point

保鮮膜也撒上鹽巴，就算重疊兩層，鹽巴同樣也會滲透。

5. 用4的調理盤接水，一邊換水2～3次，一邊用流動的水清洗掉鹽巴和腥味，用濾網撈起，把水瀝乾，用廚房紙巾擦乾水分。

Point

如果直接用水龍頭的水沖洗沙丁魚，會造成魚肉的損傷，所以要用接水的方式，減輕水沖洗的力道。

6. 把沙丁魚排放在廚房紙巾上面，從上方用廚房紙巾按壓，把水確實吸乾。

Point

讓廚房紙巾吸滿酒醋，酒醋就能均勻滲進沙丁魚。這個訣竅還能把酒醋的用量限制在最低限度。

7. 把白酒醋倒進調理盤，讓沙丁魚的魚皮朝上排放，重疊上廚房紙巾，再倒入白酒醋醃過廚房紙巾。再進一步放入沙丁魚，重疊上廚房紙巾，再倒入白酒醋醃過廚房紙巾，輕蓋上保鮮膜，醋漬40分鐘～1小時。

8. 把醋漬沙丁魚的酒醋瀝乾，放進加了蒜頭的葵花籽油裡面浸漬，冷藏保存。在這個狀態下約可保存1星期～10天。

鰤魚冷盤

厚度宛如牛排的炙燒鰤魚冷盤。油脂豐富的鰤魚不僅鮮味濃醇，同時還有趨近於肉的份量。刻意切出厚度，讓人可以「隨心所欲地大口品嚐」，利用鬆脆的無翅豬毛菜和小甜瓜製作出清爽口感。沙拉醬以油醋為基底，然後再添加萊姆汁，藉此增加清涼感。

材料 〈備料量〉

鰤魚（魚塊）…1/8塊
鹽巴…適量

▶鰤魚

比起油脂豐富的魚，口感清爽的魚更受歡迎，因此平常很少拿來使用。可以用來做成生魚片的新鮮魚塊，炙燒表面，去除多餘的油脂。為避免浪費，通常是採購半塊或四分之一塊。
※照片使用1/8塊作為拍攝使用。

備料

1. 把中骨邊緣的血合肉和堅硬部位切除，撕掉魚皮。

Point
有時會有骨頭殘留的情況，所以要仔細清除。

2. 在兩面抹上些許鹽巴，用瓦斯噴槍炙燒兩面。

Point
炙燒可以預防於魚肉表面變色。

3. 放在鋪有廚房紙巾的調理盤內，放進冰箱冷藏備用。

Point
用廚房紙巾吸收釋出的油脂，一邊進行保存。

烹調＆擺盤

〈材料〉1盤份
鰤魚（炙燒）…50g
無翅豬毛菜…10g
小甜瓜…1/4個
火蔥（細末）、鰡魚（切碎）、油醋、EXV.橄欖油、鹽巴、萊姆汁…各適量
醬汁
美乃滋＊…20g
油醋（→p.118）…3g
黑胡椒…適量
鮮奶油…3g
茴香芹、莧菜、紅胡椒…各適量

▌美乃滋

蛋黃…2個
白酒醋…18g
法國第戎芥末醬…20g
鹽巴…1.5g
葵花籽油…85g
鮮奶油…5g
抑制酸味的配方，利用鮮奶油增加一點濃郁。

1. 無翅豬毛菜去除莖的堅硬部分。小甜瓜切除蒂頭，切成薄片。把無翅豬毛菜和小甜瓜放在一起，加入火蔥、鰡魚、油醋、EXV.橄欖油、鹽巴、萊姆汁，粗略拌勻。

2. 製作醬汁。在美乃滋裡面加入油醋、黑胡椒、鮮奶油混拌。

3. 厚切冷藏備用的鰤魚，為了容易食用，在魚皮端切出多道切痕。

Point
為了帶來大口滿足，刻意採用厚切。

4. 把1裝盤，放上鰤魚，淋上醬汁，裝飾上茴香芹、莧菜、紅胡椒。

白子金山乳酪

天氣變冷的時候，熱騰騰的焗烤特別受歡迎。奶香濃醇的白子和白醬相同，同樣都很適合搭配當季的金山乳酪（Mont d'Or）。重疊上香煎的白子，再進一步把格律耶爾起司、帕馬森乾酪的表面烤焦，烤出令人食指大動的色澤。

材料 〈備料量〉

大頭鱈白子…1kg
鹽巴、白酒、檸檬汁、檸檬皮…各適量

▶大頭鱈白子

為了去除白子的腥臭味，同時考量到煎煮時的塑型容易度，所以選擇快速烹煮後再使用。只要在烹煮時添加白酒、檸檬汁和檸檬皮，就能輕鬆去除腥味。

備料

1. 白子用剪刀剪掉較粗的血管部分。

Point
不需要剪到細小血管部分，只要概略處理顯眼的血管即可。預先處理階段不需要分成小塊，等顧客點餐時再進行分切。

2. 用鍋子把熱水煮沸，放入鹽巴、白酒，擠入大量的檸檬汁，擠完檸檬汁的檸檬皮也直接丟入，接著把白子放進鍋裡烹煮。

3. 白子中央的粉紅色呈現白色後，放進冰水裡浸泡，確實冷卻。

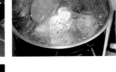

4. 用鋪有廚房紙巾的濾網把白子撈起來，將水瀝乾。廚房紙巾進行多次的替換，確實把水吸乾後，放進鋪有廚房紙巾的容器內，冷藏保存。

烹調&擺盤

〈材料〉1盤份
白子（水煮）…60g
鹽巴、胡椒…各適量
低筋麵粉…適量
葵花籽油…適量
奶油…1塊
白醬＊…1又1/2大匙
金山乳酪…1大匙
鮮奶油…5ml
格律耶爾起司、帕馬森乾酪…各適量
平葉洋香菜（碎末）…適量

白醬
奶油…70g
低筋麵粉…70g
牛乳…490g
鹽巴…4.5g
孜然粉…少許
蒜油…少許
用奶油炒低筋麵粉，粉末感消失後，用牛乳稀釋成柔滑狀，用鹽巴、孜然粉、蒜油調味。

1. 白子撒上鹽巴、胡椒，用過濾器篩上低筋麵粉，再將多餘的低筋麵粉抖落。

2. 把葵花籽油倒進平底鍋加熱，放入白子油煎。單面呈現焦黃色後，翻面，加入奶油，進行澆淋的動作，再放入烤箱。

3. 把白醬、金山乳酪、鮮奶油放進鍋裡，用打蛋器一邊攪拌加熱，使材料呈現柔滑狀。

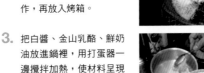

Point
把接觸到平底鍋的那一面朝上，藉此保留酥鬆口感。

4. 把少量的3醬汁裝進耐熱容器，接著放入白子，再從上方倒入大量的醬汁。

5. 把格律耶爾起司、帕馬森乾酪重疊在醬汁上面，淋上少量鮮奶油，用烤箱烤10分鐘。出爐後，撒上平葉洋香菜。

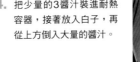

Point
淋上鮮奶油，就更容易產生烤色，色澤就會更漂亮。

尼斯名產
鱈魚乾

在尼斯工作時接觸到的「鱈魚乾（Stockfish）」。
顧名思義，這道料理就是把浸泡鱈魚乾的湯汁當成高
湯，然後再添加大量的蔬菜和鷹嘴豆下去熬煮。蔬菜
就用鹽巴誘出鮮味，讓湯的味道更添濃郁。儘管簡樸
卻充滿滋味，深刻溫暖身體。

▶鱈魚乾

購買日本產的鱈
魚乾，花三天浸
泡。魚肉變軟之
後，魚肉用來入
菜，溶入豐富鮮
味的湯汁則當成
高湯使用。

備料

1. 鱈魚乾採購1尾分成4等分的種類，放進大量的水裡面浸泡，大約浸泡3天。
2. 連同浸泡的湯汁一起倒進鍋裡加熱。水量如果不夠，就加點水調整水量。煮沸後改用小火，烹煮30分鐘。
3. 煮好之後，用濾網撈起來，把水瀝乾。烹煮的湯汁則要留下來當成高湯使用。

材料 〈備料量〉

鱈魚乾（泡軟）…上述全量
鱈魚乾的浸泡湯汁
　…500～750ml
葵花籽油…適量
蒜頭（細末）…1瓣
洋蔥（方片狀）…11/2個
胡蘿蔔（方片狀）…1/4條
馬鈴薯（較大的塊狀）…1個
鷹嘴豆（泡軟）…50g
黑、綠橄欖（切片）…各25g
月桂葉…3片
百里香…2支
白酒…80ml
整顆番茄…80g
〈擺盤用〉
帕馬森起司、EXV.橄欖油、黑胡椒、平葉洋香菜（細末）…各適量

作法

1. 把葵花籽油和蒜頭放進鍋裡，用小火拌炒，產生香氣後，放入月桂葉、百里香拌炒，加入洋蔥、胡蘿蔔，加入少許的鹽巴，持續炒出水分。

2. 洋蔥、胡蘿蔔變軟之後，依序丟入馬鈴薯、鷹嘴豆、橄欖拌炒，食材變軟之後，加入白酒，用大火熬煮。

3. 持續熬煮，水分剩下2/3的份量後，倒入鱈魚乾的浸泡湯汁煮沸，撈除浮渣。

Point
確實熬煮白酒，讓酸味揮發，熬出濃郁。

4. 把泡軟的鱈魚肉揉散，去除薄皮與骨頭等部份。

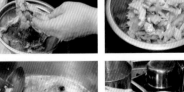

5. 把鱈魚乾的魚肉放入3的鍋裡烹煮。煮沸後，撈除浮渣，加入整顆番茄，持續烹煮直到鷹嘴豆變軟。

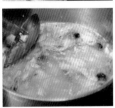

6. 起鍋裝盤，加上帕馬森起司、EXV.橄欖油、黑胡椒、平葉洋香菜。

香煎干貝與川端蓮藕
南瓜泥與古岡左拉起司醬

干貝是全年通用的食材，可以烹製出各種不同的季節性料理。這次把重點放在
干貝本身的甘甜滋味，再搭配上溫暖冬季蔬菜的天然甜味。蓮藕採用在無水質
汙染的健康土壤有機栽培的「川端蓮藕」。先用白高湯細心熬煮，之後再用南
瓜泥加熱。夏季則是搭配茄子或番茄等夏季蔬菜。

材料 〈1盤份〉

干貝（清肉）…2個　鹽巴、胡椒…各適量
葵花籽油、奶油…各適量
蓮藕（用白高湯烹煮）＊…適量
南瓜泥＊…2大匙　奶油醬底料＊…1大匙
古岡左拉起司…1/2大匙　恐龍羽衣甘藍（貝比生菜）…適量

▶干貝

採購大顆的干貝清肉。直接採用干貝清肉的好處是，可以省掉預先處理的麻煩，同時使用上也會比較便利。

蓮藕

蓮藕使用石川縣金澤市的品牌加賀蓮藕當中有機栽培的「川端蓮藕」。削皮後，切成滾刀塊，再用白高湯熬煮1小時。

南瓜泥

南瓜削皮後，去除瓜瓤，切成適當大小。把切成薄片的洋蔥放進鍋裡炒，加入少許鹽巴，加入南瓜，拌炒均勻後，加入淹過食材的水烹煮。南瓜變軟爛後，用攪拌機攪成泥狀。

奶油醬底料

火蔥（細末）…大2個　葵花籽油、鹽巴…各適量
白酒…300ml　白高湯（雞高湯）…200ml
鮮奶油…400ml

用葵花籽油炒火蔥，火蔥變軟後，加入白酒熬煮收汁，水分揮發後，加入白高湯、鮮奶油熬煮。熬煮至某程度後，連同火蔥一起，用濾網過濾。

Point

就像是用過濾的方式，讓吸附在火蔥上面的鮮味再次回到醬汁那樣。只要事先製作好這個底料，就可以拿來運用在各種奶油類的醬汁裡面。

作法

1. 在干貝的兩面撒上鹽巴、胡椒。

2. 用平底鍋加熱葵花籽油，放入干貝香煎，呈現焦黃烤色後，翻面，用奶油澆淋，放進烤箱備用。

Point

表面呈現焦黃，裡面呈現半熟狀態，就可以起鍋。

3. 把南瓜泥和蓮藕放進鍋裡加熱。

4. 把奶油醬底料和古岡左拉起司放進鍋裡加熱，讓古岡左拉起司確實融化。

5. 把3的蓮藕和南瓜泥裝盤，取出烤箱裡的干貝，疊放在上方，再淋上古岡左拉起司醬，裝飾上恐龍羽衣甘藍。

烤章魚　白米、蓮藕與大麥的辣味肉雜腸燉飯

為了回應「還想再次品嚐那個味道」的要求，而將它定義為該店的招牌。可以品嚐到烤章魚的絕佳口感和香氣，以及蓮藕與法羅麥等多種豐富的口感。最重要的是添加了發酵香腸的燉飯，味噌、醬油和柴魚般的獨特高湯感，更是令人難以忘懷的深刻滋味。

▶章魚

主要採購日本產的活締章魚，缺貨的時候，則會改用進口章魚。因為希望更容易咀嚼，所以進行二次冷凍，破壞掉纖維之後再進行烹煮。

備料

▌章魚的預先處理

章魚…2尾
烏龍茶…50ml
鹽巴…1小匙

1. 章魚在購入狀態下直接冷凍備用。視庫存狀況進行解凍。

2. 泡水解凍，再用流動的水清洗乾淨，洗掉黏液和髒汙。把小刀插進眼睛下方，把頭和腳切開。從頭部開始，依序去除口器、眼睛、內臟，再進一步用流動的水清洗。

3. 把章魚腳4條、4條切開，盡量讓腳的份量平均。頭則切成對半。

Point

腳的長度和大小各不相同，所以只要預先把剛好一半的份量分好，就比較容易控制菜單份量。

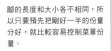

4. 把切開的腳和頭一起放進塑膠袋，再次冷凍。

Point

把2尾章魚分成4份，冷凍備用。

5. 確認庫存，把第二次冷凍的章魚解凍，從冷水開始烹煮，煮沸後，把水倒掉。腳和腳之間有黏液殘留，所以要用流動的水充分清洗乾淨。

6. 把章魚和烏龍茶、鹽巴放進鍋裡加熱，煮沸後改用小火，在鍋蓋稍微錯位的狀態下，讓鍋內的熱氣對流，一邊烹煮40分鐘。

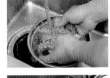

Point

因為使用了烏龍茶，所以章魚的顏色會比較漂亮，同時也能去除腥味且比較清爽。

7. 呈現鐵籤可以刺穿的硬度後，就可以用濾網撈起來。

烹調＆擺盤

〈材料〉1盤份
章魚腳（水煮）…1條
葵花籽油…適量
燉飯
　魚高湯＊…3大匙
　燉飯底料＊…50g
　法羅麥（大麥）…10g
　蓮藕（切成粗粒，快速烹煮）…5g
　辣味肉雜腸…5g
巴西里（碎末）…適量

▌魚高湯

把雜碎魚肉、魚骨、蝦頭和米雷普瓦等
混在一起熬煮。

▌燉飯底料

用鍋子加熱橄欖油，把米和洋蔥放進鍋
裡拌炒，持續補水3次，約烹煮至3～4
分熟。把它當成燉飯的底料。

1. 把魚高湯裝進鍋裡，加入
燉飯底料、法羅麥、蓮藕
加熱，接著溶入辣味肉雜
腸熬煮收汁。

2. 用平底鍋加熱葵花籽油，
放入章魚。表面呈現酥脆
後，放進烤箱裡保溫。

3. 把燉飯鋪在盤底，放上煎
烤的章魚，再撒上切碎的
巴西里。

Point

辣味肉雜腸是義大利卡拉
布里亞大區特產的香腸。
由辣椒和油脂較多的豬
肉、鹽巴混合，然後再進
一步發酵、熟成。

油封秋刀魚佐肝臟香醋醬

維持低溫，約油煮3小時的油封秋刀魚。魚刺軟爛、魚肉濕潤的口感。身體肥胖的秋刀魚，肝臟也比較大，和巴薩米克醋一起熬煮，製作成醬汁。帶有苦味的濃郁醬汁，即便只有少量，味道仍然十分奢華豐富，和茄子泥之間的味道也非常契合。最後再用炒得酥脆的炒米增添口感變化。

材料 〈備料量〉

▌油封秋刀魚

秋刀魚⋯7尾　鹽巴⋯秋刀魚重量的1.2%　葵花籽油⋯適量
蒜頭（細末）⋯1大匙　百里香⋯7～8支

▶秋刀魚

秋季到冬季之間，使用油脂豐富的大尾尺寸。拍攝時是北海道根室產的秋刀魚。到店之後，馬上進行預先處理，取出內臟，身體抹鹽，去除腥臭味。

備料

1. 秋刀魚切掉尾巴後，把頭切掉。從腹部中央切開，取出內臟。內臟另外留下來備用。

2. 用流動的水把腹部裡面的血合肉或髒汙清洗乾淨。放進濾網，把水瀝乾，用廚房紙巾確實把水分擦乾，包含腹部裡面。

3. 測量秋刀魚的重量，決定鹽巴的用量。鹽巴的用量是總重量的1.2%，把鹽巴抹在秋刀魚身上，放進冰箱冷藏1小時左右，讓鹽巴滲透。

Point

因為鹽巴不會溶進油封的油裡面，所以塗抹在秋刀魚上面的鹽巴就成了調味。要確實讓鹽巴滲透，直到摸不到顆粒感為止。

4. 把葵花籽油、蒜頭、百里香放進調理盆，把3的秋刀魚排放進調理盆，開火加熱。

Point

在秋刀魚和調理盆之間塞入蒜頭和百里香，藉此緩和對秋刀魚的受熱。

5. 偶爾晃動一下調理盆，藉此避免秋刀魚彼此黏在一起，當溫度達到70～80℃時，放進95℃的蒸氣烤箱裡面蒸3小時。

6. 把鐵籤刺進秋刀魚的中骨，只要能輕易刺入，就算完成。在泡油的狀態下冷藏保存。約可保存10天。

Point

使用冷藏也不容易凝固的葵花籽油。

材料 〈備料量〉

▌肝臟香醋醬

秋刀魚的內臟⋯7尾　橄欖油⋯適量　巴薩米克醋⋯適量　蒜頭（切碎後放進油裡浸泡）⋯1大匙

備料

1. 把橄欖油放進平底鍋加熱，用小火炒蒜頭，產生蒜頭香氣後，放入秋刀魚的內臟，用中火翻炒。

Point

炒蒜頭的目的是為了增加香氣。一旦變色就會變得太焦，所以要多加注意。

Point

巴薩米克醋會成為醬汁的媒介。酸味揮發後，味道就會變得鮮甜。

2. 整體熟透之後，加入巴薩米克醋，熬煮至份量剩下整體的一半，放進攪拌機攪拌成泥狀，放涼。

〈材料〉1盤份
油封秋刀魚＊…1尾
橄欖油…適量
肝臟香醋醬＊…1又1/2大匙
芝麻菜炒米沙拉
　芝麻菜…1把
　炒米…1小匙
　油醋（→p.118）…適量
　EXV.橄欖油…適量
巴薩米克醋…適量
茄子魚子醬＊…1大匙

▍茄子魚子醬

茄子切掉蒂頭，縱切成對半，撒上鹽
巴，淋上橄欖油，放進180℃的烤箱，
烤出色澤之後，刮下茄子肉，切成粗
粒。加入白酒醋沙拉醬、孜然粉、鹽巴
混拌，冷藏保存。

1. 把油封秋刀魚從油裡面取
   出，把油滴乾，切成對
   半。

2. 平底鍋加熱，倒入橄欖油
   加熱，放入油封秋刀魚，
   表面呈現酥脆後，移到鋪
   有廚房紙巾的淺盤，放進
   烤箱，加熱至中央。

Point
> 為了防止魚皮燒焦，
> 先用平底鍋確實加
> 熱。

3. 製作芝麻菜炒米沙拉。把
   芝麻菜和炒米混在一起，
   用油醋和EXV.橄欖油混
   拌。

Point
> 把芝麻菜的苦味、炒米的
> 酥脆口感當成味覺重點。

4. 把巴薩米克醋倒進2的平
   底鍋加熱，酸味揮發後，
   加入肝臟和巴薩米克醋拌
   勻。

5. 把茄子魚子醬裝盤，放上
   油封沙丁魚，淋上肝臟香
   醋醬。再把芝麻菜炒米沙
   拉重疊在上面。

海鮮多半都是搭配白酒，
不過，肝臟香醋醬則非常
適合搭配紅酒、希哈。

麥年梭子魚
佐番薯泥和馬德拉醬

麥年梭子魚　佐番薯泥和馬德拉醬

適當脫水之後，鬆軟口感和肉質的鮮味就會更加濃郁。新鮮度絕佳的梭子魚，花點巧思誘出食材美味之後，製作成麥年。同時也能提高與番薯鬆軟甜味的契合度。用馬德拉酒和雪莉醋香煎的菇類，既是配菜，也是醬汁。享受各種不同的風味。

▶梭子魚

肉質略帶水分，大多被用來製作成魚乾。只要妥善脫水，就能增強肉質的鬆軟口感，同時味道也會變得更加濃郁。只要利用冰箱風乾，就能有效達到脫水效果。

備料

1. 梭子魚刮除魚鱗，切掉尾巴，再從胸鰭的旁邊斜切，把頭切掉。切開腹部，取出內臟，用流動的水洗掉血合肉和髒汙。

Point

頭和尾巴都是魚高湯的材料。因此，要以料理上桌的形狀為優先，就算把頭和尾巴都留下來也沒關係。頭就把魚鰓去除，再和其他的雜碎魚肉、魚骨一起泡水，清除血水，確實乾煎後，再製作成高湯。

2. 用廚房紙巾擦乾水分，腹部裡面也要確實擦乾，把廚房紙巾塞進裡面。把鐵網放在調理盤裡面，再鋪上廚房紙巾，排放上梭子魚。在這個狀態下，放進冰箱風乾6小時，過程中要偶爾翻個面。

3. 表面變得乾燥、皺巴巴之後，替換塞在腹部裡面的廚房紙巾，用廚房紙巾把整體捲起來，用保鮮膜包起來，冷藏保存。

烹調＆擺盤

〈材料〉1盤份
梭子魚…半身　鹽巴、黑胡椒…各適量
葵花籽油…適量　低筋麵粉…適量
番薯泥＊…2大匙
奶油、蒜頭（細末）、火蔥（細末）…各適量
秀珍菇、鴻喜菇…各適量
馬德拉酒、雪莉醋…各適量

▌番薯泥

用葵花籽油炒洋蔥，撒上少許鹽巴，釋出水分，加入去皮後切成薄片的番薯拌炒。加入幾乎淹過食材的水量烹煮，食材變軟之後，放進攪拌機攪拌。

1. 把風乾的梭子魚切成三片切，刮除腹骨，拔掉小刺。

2. 在魚肉部分撒上鹽巴、黑胡椒。魚皮塗抹葵花籽油，撒上鹽巴、黑胡椒。

Point

因為表面風乾的關係，鹽巴比較不容易附著。抹油之後，鹽巴就比較容易附著。

3. 用過濾器篩上低筋麵粉，用刷子把殘留在周邊的粉末塗抹於背面。

Point

這種方法可以減少粉末的用量，作業過程看起來也比較乾淨。

4. 用平底鍋加熱葵花籽油，從魚皮開始煎。上色之後，加入奶油混合。整體呈現焦黃色之後，起鍋，魚皮朝上放置備用。

5. 把奶油、蒜頭放進前面煎過梭子魚的平底鍋，加入秀珍菇、鴻喜菇拌炒，加入火蔥，用鹽巴、黑胡椒調味。

6. 菇類變軟之後，加入馬德拉酒，使酒精揮發，再進一步倒入雪莉醋，稍微收乾湯汁，讓酸味揮發。

7. 把溫熱的番薯泥鋪在盤底，放上梭子魚，再把6的食材疊在上方。

馬頭魚立鱗燒　芋頭香菇花椒燉飯

馬頭魚的最大賣點正是魚鱗的酥脆感。講究每個步驟的主廚手法是，把油塗抹在每一片魚鱗，藉此讓每一片魚鱗直立起來，讓煎出的魚鱗形狀更加漂亮。以添加了香菇鮮味和當季芋頭的燉飯為基底，讓擺盤更顯立體，最後再以菊花花瓣妝點出秋季氛圍。

▶馬頭魚

野締的馬頭魚也會進行放血處理，所以可以保鮮2～3天左右。馬頭魚在處理魚肉之前先放血，一邊讓魚肉熟成，大約可使用一星期左右。紅金眼鯛、藍點馬鮫也同樣會做放血處理。

備料

1. 馬頭魚切掉尾巴，用熟成紙（青紙）確實把身體捲起來壓緊。用菜刀在頭部切開一刀，把水管插進脊髓下方較粗的血管，用手確實壓住身體，沖水。混合血液的水就會從尾巴端流出。

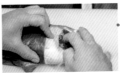

Point
脊髓下方有條較粗的血管。如果體內有血液殘留，新鮮度下降的速度就會比較快。

2. 放血之後，掀開鰓蓋，去除魚鰓和內臟，用流動的水清洗，去除血合肉和髒汙。把水分確實擦乾後，魚頭朝下放置，立在廚房紙巾上面，靜置30分鐘排水。

3. 水分完全排空之後，把頭切掉。

Point
魚頭取下備用，可以用來烹煮魚高湯等高湯。

烹調＆擺盤

〈材料〉1盤份
馬頭魚（魚塊）…40g
鹽巴、黑胡椒、葵花籽油…各適量
芋頭香菇燉飯
｜蒜頭（細末）…1小匙
｜芋頭（水煮）…1/2大匙

香菇（切片）…適量
燉飯底料（→p.129）…50g
香菇高湯＊…適量
　＊把金針菇、香菇的梗取下備用，和香味蔬菜一起拌炒。
食用菊、帕馬森起司、花椒…各適量

1. 馬頭魚切成魚塊，撒上鹽巴、黑胡椒。把葵花籽油滴在魚鱗上面，把油塗抹在魚鱗之間。

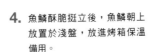

2. 用平底鍋加熱大量的葵花籽油，魚鱗端朝下，放進鍋裡煎炸。

3. 製作芋頭香菇燉飯。把蒜頭放進鍋裡炒，加入芋頭、香菇、燉飯底料、香菇高湯烹煮。

4. 魚鱗酥脆挺立後，魚鱗朝上放置於淺盤，放進烤箱保溫備用。

5. 3的水分變少後，放入食用菊花的花瓣，加入帕馬森起司、花椒。

6. 把燉飯裝盤，魚鱗朝上，把馬頭魚放在燉飯上面，撒上食用菊花的花瓣。

PEZ

　2021年，以專賣海鮮的小酒館開幕。『PEZ』這個店名是西班牙語『魚』的意思。之所以大膽採用西班牙語作為店名，是因為石濱主廚不希望把定位偏限在法國料理，「希望從各種不同的領域中廣納各種好的創意」。石濱主廚過去曾在海鮮小酒館的先驅『Ata』，以及米其林一星的海鮮法國料理餐廳『abysse』擔任副主廚，在向各個大廚學習海鮮技法的同時，也十分積極地從自己的角度去探索海鮮的美味。

　即便在自立門戶之後，他依然堅持以海鮮、大海作為主題。牆壁採用的深藍色便是該店的主題色彩，營造出猶如深海般的寧靜氛圍。據說這個顏色是他們自己親自去找油漆，親手粉刷上去的。店內長長的單板紅木櫃檯是由海底打撈上來的巨木所加工而成。

　既然以海鮮作為主題，菜單部分當然也是持續採用相同觀點。名產「鮪魚、豬舌與豬耳的法式

醬糜」使用的是鮪魚頭。招牌料理「魚高湯」和其他料理，都是以雜碎魚肉和魚骨熬煮的高湯作為風味的基礎。以小菜形式提供的魚肉生火腿有2種。預先把接近尾巴的部位等比較難使用的部分切掉，加工成生火腿，不造成一絲浪費。

　高湯的鮮味是主廚料理中最值得一提的部分。因為是專賣海鮮的小酒館，所以菜單裡面完全沒有肉類料理，不過，主廚悉心準備了白高湯（Fond Blanc）、雞肉清湯（Bouillon de Poulet）、雞湯（Jus de Poulet）3種雞湯。因為單靠海鮮的鮮味無法帶來更濃郁的風味，所以便添加更強烈的雞肉鮮味，藉此讓味道變得更加立體。

　採購都是固定找過去工作上已經建立信賴關係的業者，使用從豐洲市場直送的海鮮食材。食材送到之後，會在完成預先處理之後，確實瀝乾水分，在腹部和切口包裹紙張，預防乾燥。確實用

以海鮮為基礎，運用各種食材與技巧，製作充滿鮮味的法國料理

照片右）店內裝飾著主廚喜愛的西洋料理書，非常有質感。沉穩的深藍牆面讓人聯想到深海。
照片左）侍酒師挑選的是與海鮮十分對味的天然紅酒。隨時常備40種類以上的杯裝紅酒。

主廚 石濱綾

在大倉飯店任職6年，確實學習料理基礎之後，陸續在代官山的海鮮小酒館『Ata』、海鮮法國餐廳『abysse』，代表海鮮料理的名店累積豐富經驗。進入GREENING後，開設『PEZ』，現在以主廚身分展現廚藝。

保鮮膜包起來，放進溫度0～1℃的冰箱內保存。

除了這些細膩的工作之外，強力且豪邁的『炭火』運用也非常惹人矚目。不是讓木炭直接接觸冷盤的魚增添香氣，就是在「秋刀魚尼斯洋蔥塔」添加燃燒的迷迭香。放在「魚高湯」裡面的魚也用炭火燒烤，其他某些程度的食材也用炭火燒烤。

細膩與大膽兼具的豐富主廚料理，以及侍酒師嚴選的天然紅酒陳列，全都充滿魅力。自開業以來，便是以奧澀谷的人氣名店而備受矚目。

SHOP DATA

■住址／東京都渋谷区宇田川町37-14 B1F
■TEL／050-3172-4370
■營業時間／17:00～23:30（L.O. 22:30）
■公休日／星期日
■客單價／6000～7000日圓

梭子魚與蘋果的法式小點

魚皮炙燒的新鮮梭子魚、焦糖化的蘋果甜味、生火腿的鹹味，拼湊成鮮味
豐富的鹹甜滋味。梭子魚的魚皮經過炙燒後，口感變得香酥，同時還能誘
出皮下的鮮味。軟嫩魚肉，再搭配層疊在上面的火蔥、松子和地膚子，就
能一次享受到豐富口感。

▶梭子魚

採購在秋冬季節油脂豐富的梭子魚。味道清淡且沒有腥臭，快速炙燒，誘出魚皮的鮮味後使用。收到魚之後，去除魚鱗，把頭切掉，開腹取出內臟，再用流動的水把腹中的血和髒汙清洗乾淨，再將水分確實擦乾。切成三片切，削除腹骨，拔除小刺，再用廚房紙巾包起來，冷藏保存至營業時間。

材料 〈備料量〉

▌烤蘋果與生火腿醬

蘋果（焦糖化）…1個
生火腿（切碎）…60g
番茄乾（切碎）…30g
酸豆（切碎）…15g
火蔥（切碎）…20g
濃縮葡萄醬…20g
松子（拍碎）…8g
EXV.橄欖油…適量

備料

1. 把焦糖化的蘋果切碎，和其他的材料混合在一起。

烹調＆擺盤

〈材料〉1盤份
梭子魚（魚片）…1/2塊
長棍麵包（切片）…4片
瑞可塔起司…適量
烤蘋果與生火腿醬＊…適量
EXV.橄欖油…適量
馬爾頓天然海鹽…適量
地膚子、蒔蘿…各適量
紅胡椒…適量

1. 接到訂單後，取出梭子魚的魚片，在魚皮縱切出刀痕，再用瓦斯噴槍炙燒魚皮。放進冰箱冷藏至準備上桌之前。

2. 長棍麵包稍微烤過，抹上瑞可塔起司，再抹上烤蘋果與生火腿醬。

Point
把烤過的長棍麵包、奶香味的瑞可塔起司和烤蘋果與生火腿醬的鹹甜滋味重疊起來。

3. 把1的梭子魚削切成薄片，鋪在2的上面，淋上EXV.橄欖油，撒上馬爾頓天然海鹽，放上地膚子，裝飾上蒔蘿，撒上紅胡椒。

Point
硬脆的馬爾頓天然海鹽、顆粒口感的地膚子、紅胡椒的辣味，讓梭子魚的清淡鮮味變得更加鮮明。

材料 〈備料量〉

▌鮪魚頭
鮪魚頭（冷凍）…1尾
鹽巴…鮪魚重量的1%
蒜頭（切片）…2瓣
迷迭香、百里香…各4～5支

▌豬舌
豬舌…1kg
A
　白酒…100g
　西洋芹（切成適當大小）…50g
　洋蔥（切成適當大小）…150g
　芫荽（整株）…10g
　丁香…5g　八角…1g
　鷹爪辣椒…1g　蒜頭…5g
　鹽巴…10g

▌豬耳
豬耳朵…1kg
A
　白酒…100g
　西洋芹…50g
　茴香葉…50g
　茴香籽…5g
　鷹爪辣椒…1g
　生薑（切片）…5g

▌鮪魚、豬舌與豬耳的法式醬糜
〈材料〉陶罐模型2個
鮪魚頭的肉…1kg
豬舌…2塊
豬耳…2片
雞肉清湯＊…800g
　＊在不煮沸的情況，烹煮老母雞8小
　　時。
火蔥（細末）…150g
白蘭地…40g
黑胡椒…適量
鹽巴…適量
明膠片…6片
鼠尾草、平葉洋香菜…各適量

鮪魚、豬舌與豬耳的法式醬糜

鮪魚的頭是鮮味的所在部位。可以品嚐到充滿彈性的肉質。利用
這個特性，把水晶肉凍（Fromage de Tête）換成鮪魚。魚和肉
的衝擊性組合也相當別出心裁，先將食材的腥味去除，然後再誘
出各自的鮮味。用香草和黑胡椒的香氣營造出清爽滋味。

烹調&擺盤

〈材料〉1盤份
鮪魚、豬舌與豬耳的法式醬糜…1塊
醃小黃瓜、醋漬洋蔥…各適量
芥末粒、EXV.橄欖油、馬爾頓天然海
　鹽、生胡椒…各適量

▶鮪魚頭

削下鮪魚頭上面的肉使用。醃泡一晚後，用熱水汆燙，確實去除腥臭味，透過味道和風味的添加，就能夠和其他食材組合成法式醬糜。

備料

鮪魚頭

1. 把鮪魚頭解凍，把下巴肉、臉頰肉、頭頂的肉削切下來。撒上魚肉重量1％的鹽巴，放上切成對半的蒜頭、迷迭香、百里香，醃泡一個晚上。

2. 用鍋子煮沸熱水，放入魚塊，煮沸後，用濾網撈起備用。

豬舌

1. 把大量的水、豬舌和A材料放進鍋裡，約烹煮90分鐘。豬舌變軟之後，撈起來，瀝乾水分，冷凍保存備用。

豬耳

1. 用瓦斯噴槍把殘留在豬耳上面的毛燒掉。把豬耳和A材料放進鍋裡，烹煮至豬耳變軟。瀝乾水分，冷凍保存備用。

鮪魚、豬舌與豬耳的法式醬糜

1. 豬舌切成較大的骰子狀。豬耳切成薄片。把鮪魚頭的肉、豬舌、豬耳放進鍋裡，加入雞肉清湯，開火加熱。

2. 用木鏟一邊搗碎鮪魚頭的肉，一邊烹煮，沸騰之後，加入火蔥和白蘭地，稍微烹煮後，加入黑胡椒，用鹽巴調味。

3. 關火，丟入泡軟的明膠片，溶解。

> **Point**
>
> 以鮮味濃醇的雞湯作為基底。雖然雞湯的膠質也有凝固效果，但是，因為希望形狀更加明確，所以要用明膠片加強。

4. 把鼠尾草、平葉洋香菜切碎，放進底部接觸冰塊的調理盆，將3的食材倒入混合。

5. 放涼後，倒進鋪有鋁箔的陶罐模型裡面，再放進冰箱冷卻凝固。

> **Point**
>
> 帶有青草味的鼠尾草和鮪魚肉十分速配。添加香草可以帶來清涼感，讓味道更柔和。

---

1. 從模型裡面取出法式醬糜，切塊後，裝盤。隨附上醃小黃瓜、醋漬洋蔥、芥末粒，淋上EXV.橄欖油，撒上少許馬爾頓天然海鹽，再把生胡椒切碎放在上面。

炙燒鰤魚冷盤

希望增添木炭香氣,所以直接把木炭按壓在魚肉上面。既不燻也不烤,就只是簡單地在表面增加一點炭烤香氣。不光只是鰤魚,冷盤用的當季漁獲都可以使用。把紅椒、紅辣椒、青辣椒、實山椒和芝麻,也就是日式元素的『食七味』製成醬汁。

▶鰤魚

冷盤使用當季漁獲。鰤魚在油脂豐富的時期使用。因為鰤魚是大型的魚,所以僅採購四分之一尾。一送到店裡就會馬上進行處理,用脫水膜包起來,在冰箱裡放置一晚,排出水分。最初排出的血水是腥臭味的根源,所以要實施這項排水處置。

材料 〈1盤份〉

鰤魚…100g
西瓜蘿蔔(切絲)…30g
酢橘…1/4個 生七味＊…適量

▌生七味

A
  紅椒…200g
  青辣椒…4條 紅辣椒…4條
  實山椒…10g 生薑…20g
白、黑芝麻…各10g
葵花籽油…100g
把A切成碎末,加入芝麻、葵花籽油混拌。

作法

1. 接到訂單後,取出鰤魚,切出2人份,把預先燻紅的木炭按壓在魚肉表面,增添木炭香氣後,馬上放進冰箱冷卻。

2. 把1的鰤魚切成薄片。

3. 把切絲的西瓜蘿蔔鋪在盤底,一邊把2的鰤魚對折排放在上方,澆上生七味,撒上酢橘皮的碎屑,然後直接把那顆酢橘附上。

酥炸日本魷
佐肝辣醬

酥脆麵衣加上肉質Q彈的魷魚、使用肝臟製成的濃醇辣味醬汁，讓人想配上一杯酒，細節滿滿的一道。醬汁裡面的洋蔥也有特別巧思。刻意留到最後再加入，藉此保留食材口感。最後再撒上煙燻紅椒粉，和裹上麵衣的魷魚相互結合，產生宛如柴魚般的香氣。

酥炸日本魷佐肝辣醬

備料

1. 把手指插進日本魷的身體和內臟之間，把內臟和腳拉出來。

▶日本魷

魷魚的新鮮度下降比較快，所以指定採購早上捕獲的魷魚。尤其這道料理要把肝臟製成醬汁，所以新鮮度更是重要。在不傷害肝臟的情況下，快速處理。

2. 從肝臟上面拿掉囊袋，扯下魷魚腳。用流動的水一邊清洗，一邊去除腳的軟骨、眼睛、口器。吸盤上的髒污也要搓洗乾淨，把2條觸手的前端切掉。

3. 拿掉留在身體裡面的軟骨，用流動的水清洗乾淨，確實擦乾水分。

Point
身體和腳製成炸物，肝臟用來製作醬汁。

材料 〈備料量〉

▌肝辣醬

日本魷的肝臟…1尾
橄欖油…適量
蒜頭（切碎，放進油裡浸泡）…10g
青辣椒（小口切）…1條
白酒…50g
番茄醬…20g
辣椒粉…2g
印度什香粉…1g
紅辣椒粉…2g
水…200g
洋蔥（細末）…150g
鹽巴、精白砂糖…各適量

備料

1. 把橄欖油、蒜頭、青辣椒放進鍋裡加熱，產生香氣後，放入日本魷的肝臟，用木鏟把肝臟搗碎，一邊加熱。

Point
為了消除肝臟的腥臭味，加入白酒，一邊讓腥味揮發，一邊確實加熱。

2. 搗碎肝臟，一邊翻炒，呈現膏狀後，加入白酒、番茄醬，讓水分揮發，收乾湯汁。

3. 收乾湯汁之後，加入辣椒粉、印度什香粉、紅辣椒粉拌炒。

Point
除了鹽巴，再額外加上砂糖，就能烹製出不僅只有辣味的濃郁味道。

4. 粉末感消失後，加入水和洋蔥，用鹽巴和砂糖調味，熬煮30分鐘左右。

烹調&擺盤

〈材料〉1盤份
日本魷（身體、腳）…100g
鹽巴…適量
麵衣
啤酒…200g
低筋麵粉…180g
撲粉（低筋麵粉）…適量
炸油（米油）…適量
肝辣醬＊…50g
煙燻紅椒粉…3g
平葉洋香菜（碎末）…適量
檸檬…1/8個

1. 日本魷的身體切成寬度2cm
以下的環狀，魷魚腳分切成
各2條，撒上些許鹽巴。

Point

麵衣如果預先製作起來，啤
酒的氣泡就會消失，所以只
在使用時製作。

2. 用打蛋器充分攪拌啤酒和低
筋麵粉，製作麵衣。

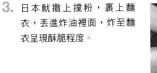

Point

為了讓麵衣不容易剝落，要
確實把粉塗滿。

3. 日本魷撒上撲粉，裹上麵
衣，丟進炸油裡面，炸至麵
衣呈現酥脆程度。

4. 用濾網撈起，把油瀝乾，撒
上些許鹽巴。把肝辣醬鋪在
盤底，放上酥炸日本魷，撒
上煙燻紅椒粉，撒上平葉洋
香菜，隨附檸檬。

西班牙加泰隆尼亞的天然紅酒釀
酒師釀造的白酒「Portes Obertes
Antany」。簡約而濃郁的風味，
和肝辣醬的濃醇、辣味十分契合。

秋刀魚尼斯洋蔥塔

南法的鄉土料理尼斯洋蔥塔（Pissaladière），用仔細炒過的洋蔥和鯷魚製作
而成。這裡則是把鯷魚換成當季的秋刀魚。新鮮的秋刀魚和洋蔥的甜度形成絕
妙搭配的美味披薩。既簡樸卻又大膽的木板裝盤，以及燃燒的迷迭香，展現出
香氣與視覺的饗宴。

▶秋刀魚

備料

1. 秋刀魚刮掉殘留在身體的魚鱗，切掉頭部，取出內臟，用水清洗乾淨，腹部裡面也要仔細清洗，將水分擦乾。

在油脂豐富，身體肥美的時期登場的季節菜單。青魚要趁新鮮使用完畢。去除腹骨的方法是日本料理主廚教的。只要沿著切斷方向切斷小刺，就不會影響口感，因此，就可以在不拔除小刺的情況下進行烹調。

2. 切成三片切，把背鰭的堅硬部分切掉。魚皮朝上，在腹部切出刀口，然後直接用菜刀壓住腹骨，從尾巴端把身體切開。

Point

用菜刀壓住腹骨，然後用手拉開身體，就能完美地去除腹骨。

烹調&擺盤

〈材料〉1盤份
秋刀魚（魚片）…1尾
披薩餅皮＊…1片
炒洋蔥＊…70g
　＊把切片的洋蔥炒至呈現砂糖色，加入雪莉醋增添酸味。
西班牙辣肉腸…10g
黑橄欖…適量
小番茄…4個
EXV.橄欖油…適量
馬爾頓天然海鹽…適量
迷迭香（乾燥）…1支

披薩餅皮（3球量）

高筋麵粉…150g　低筋麵粉…50g
鹽巴…2g　精白砂糖…2g
乾酵母…3g
水…120g
把材料混在一起，充分搓揉，靜置發酵1小時。分成3等分，分別把厚度撖壓成5mm。期間用烘焙紙隔起來，密封後，冷凍備用。

1. 接到訂單後，把披薩餅皮放在鋪有烘焙紙的烤盤上解凍。

2. 在披薩餅皮上面鋪滿炒洋蔥，接著放上切片的西班牙辣肉腸、切塊的黑橄欖、小番茄。

3. 把秋刀魚切成細條，放在2的披薩上面。

Point

在與小刺交錯的位置，把魚片切成細條，避免小刺影響口感。

4. 淋上EXV.橄欖油，放進烤箱下層烤8分鐘，接著移到上層烤8分鐘。

Point

點燃迷迭香，為披薩加上燻香。除了香氣之外，同時還能提供視覺與味覺的感受。

5. 出爐後，撒上馬爾頓天然海鹽。點燃迷迭香，增添香氣。

魚高湯與法式美乃滋

PEZ的招牌料理。把雜碎魚肉和魚骨當成主材料，用香味蔬菜、柳橙、番茄，在不加水的情
況下，仔細熬出高湯。高湯裡面不光只有海鮮高湯，同時也有添加雞湯，因此，就能製作出
更濃郁的鮮味。炭火燒烤的日本真鱸更是這道湯品的強大魅力所在。蝦高湯另外存放，就能
更容易應對過敏問題。

材料 〈成品約4.5l〉

▌雜碎魚肉和魚骨的高湯

雜碎魚肉和魚骨（鯛魚、石斑魚等）
　　…5kg
橄欖油…適量
蒜頭（切成對半）…1株
A
　洋蔥（薄片）…300g
　西洋芹（薄片）…100g
　茴香（薄片）…250g
B
　柳橙（帶皮切成薄片）…200g
　番茄（薄片）…300g
　八角…3個
　茴香（整株）…10g
　芫荽（整株）…10g
　鷹爪辣椒…2條
番茄醬…250g
魚清湯＊…3kg
白高湯＊…2kg

▌魚清湯

把鯛魚的雜碎魚肉和魚骨清洗乾淨，加入高湯昆布和整株芫荽，用水熬煮後，過濾。

▌白高湯

用水熬煮雞骨。

備料

1. 把雜碎魚肉和魚骨攤放在烤盤上面，烤至上色。

2. 把A的米雷普瓦和B的水果、香辛料分別放在調理盤內備用。

3. 把大量的橄欖油和蒜頭放進鍋裡加熱，產生香氣後，倒入A材料拌炒。蔬菜變軟之後，加入番茄醬拌炒，加入雜碎魚肉和魚骨，用木鏟一邊壓碎，一邊拌炒。

4. 把魚清湯和白高湯2種高湯倒入，混拌整體。

Point

完全不用水，而是使用鯛魚的雜碎魚肉和魚骨熬出的魚清湯，以及雞骨熬製的白高湯。在魚湯裡面加上雞湯，就能熬製出更濃郁的鮮味。

5. 進一步倒入B材料煮沸，確實撈除浮渣，關小火，烹煮30分鐘。

Point

加入味道和海鮮非常契合的柳橙，增添清爽香氣、酸味、甜味的複雜滋味。

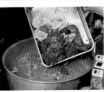

6. 用網格略粗的濾網過濾到保存用的高鍋，一邊用木鏟按壓，濾出高湯，底部隔著冰水急速冷卻。若沒有馬上用，就裝進保存用的袋子，冷凍保存。

備料

1. 收到魚之後，馬上進行處理。刮掉魚鱗，把頭切掉，開腹，取出內臟，用流動的水沖洗腹中的血和髒汙，將水分確實擦乾。切掉魚鰭和尾巴。

▶日本真鱸

採購神經締的日本真鱸。雖然是味道清淡的白肉魚，不過，風味與真鯛等截然不同，非常適合燉煮。雜碎魚肉和魚骨不是用來熬煮魚清湯，而是用來熬煮魚高湯。

2. 把日本真鱸的下身端朝上，菜刀從腹部端切入，沿著中骨切開魚身。接著，尾巴朝上，菜刀從背部端切入，從中骨切開魚身。最後，用菜刀切掉尾巴。中骨上面的堅硬部分就用剪刀剪掉。

3. 這是下身切開的狀態。用廚房紙巾把骨頭殘留的上身包起來，用保鮮膜密封，避免乾燥，冷藏保存。

Point

從上方俯視魚的時候，魚的右半身就是下身（頭部在左邊）。相較之下，下身肯定比上身更容易損壞，所以要從下身開始使用。

4. 刮除魚片上的腹骨，從頭部往尾巴，一路拔除小刺。

Point

如果一邊沾水拔刺的話，魚肉會變得水水的，應盡量避免沾水。

5. 把魚片切成2人份，放在鋪有脫水膜的調理盤上，魚肉朝下放置，用保鮮膜密封，冷藏備用。

〈材料〉1鍋份

雜碎魚肉和魚骨的湯…200g

蝦高湯…50g

番紅花（整株）…適量

日本真鱸（魚片）…200g

鹽巴、EXV.橄欖油…各適量

五月皇后馬鈴薯（帶皮烤）…50g

百里香…適量

炭油＊…20g

＊把燒紅的木炭放進葵花籽油裡面，
增添木炭香氣。

法式美乃滋…30g

▌蝦高湯

分別把龍蝦頭和甜蝦頭解凍，用烤箱確實烘烤。再和洋蔥、西洋芹、蒜頭、番茄醬混在一起拌炒，拌炒均勻後，加入熱水烹煮30分鐘，過濾。分成小包，冷凍備用。

1. 完成魚湯。把蝦高湯混進雜碎魚肉和魚骨的湯裡面加熱，加入番紅花，加熱。

Point

雜碎魚肉和魚骨的高湯，之所以和蝦高湯分開製作，是基於過敏問題的考量。如果客人對甲殼類過敏，就不添加蝦高湯。

2. 在日本真鱸的魚皮撒上少許鹽巴，淋上EXV.橄欖油。把烤過的五月皇后馬鈴薯厚切，加上鹽巴、EXV.橄欖油和撕碎的百里香。

3. 把烤網放在燒紅的木炭上面，從日本真鱸的魚皮面開始進行炭火燒烤。五月皇后馬鈴薯也一併放上，燒烤兩面，稍微產生些許烤色後，放進1的湯裡面。

Point

因為希望增添木炭香氣，同時呈現粗曠的野生感，所以魚皮要烤至焦黑程度。

4. 魚肉部份快速燒烤後，放進湯裡，用大火煮沸。

5. 把4的日本真鱸和五月皇后馬鈴薯放進預熱的鑄鐵鍋裡面，倒入高湯，淋上炭油，加點鹽巴調味。再次煮沸後，蓋上鍋蓋，隨附上法式美乃滋。

▌魚高湯燉飯

把白飯倒進剩餘的湯裡面，製作成燉飯。把整鍋湯端回廚房，加入白飯和小番茄加熱。再撒點義大利綿羊起司，就可以上桌。

烤藍點馬鮫
佐松露醬

利用巧妙的火侯控制,誘出藍點馬鮫的原始風味。首先,用烤網燒烤魚皮,接著再用烤箱慢慢溫熱。然後再進一步切成對半,用烤箱烤。藉此烹製出魚皮香酥,肉質軟嫩的藍點馬鮫。醬汁以骨頭熬煮的高湯為基礎,利用松露的香氣營造出秋季氛圍。

▶藍點馬鮫

在油脂豐富的冬季使用。因為魚肉容易鬆散,所以處理的時候要格外小心。用廚房紙巾包裹,盡量避免壓迫魚肉,將多餘的水分排出,保存。如果脫水過度,魚肉反而會變得乾柴,所以要盡早使用完畢。

備料

1. 收到魚之後,馬上進行處理。切掉頭部,取出內臟,仔細清洗腹中的血和髒汙,將水分確實擦乾。把廚房紙巾塞進腹部,剖面也覆蓋上廚房紙巾。用保鮮膜覆蓋,冷藏保存。

2. 主要使用魚肉豐厚的部位。把靠近尾巴,身體變細的部分切掉,用來製作生火腿。

3. 從腹部端開始,菜刀沿著中骨上方切入,背部端也要切入至中骨,藉此把上身切開。

4. 把中骨朝下,以同樣的方式,菜刀從腹部端、背部端切入至中骨的中央,把身體切開。

5. 把魚肉端朝下,放在廚房紙巾上面,用保鮮膜密封,冷藏保存。大約經過半天,多餘的血水就會徹底排出,拿掉吸水膜,用廚房紙巾包起來,冷藏保存。

Point

使用廚房紙巾吸收魚肉排出的血水。如果脫水過度,肉質反而會變得乾柴,所以要確實觀察狀態。

材料 〈備料量〉

松露醬

藍點馬鮫的中骨…1/2尾
魚清湯（→p.151）…500g
火蔥（碎末）…20g
芫荽（整株）…10g
鮮奶油（乳脂肪含量35％）…
　100g
水溶性玉米粉…適量
奶油…30g
松露油…10g

備料

1. 把中骨切成適當大小，用烤箱烤至香酥。

2. 把魚清湯和切成碎末的火蔥、芫荽放進鍋裡加熱，放入烤過的中骨熬煮。

> **Point**
> 火蔥也可以使用邊角料等剩餘的部分。

3. 水量剩下1/3後，用濾網把湯汁過濾到鍋子裡面，加入鮮奶油熬煮，加入水性玉米粉勾芡。

4. 進一步加入奶油和松露油，乳化後，把鍋子從火爐上移開。換個鍋子，隔著冰塊急速冷卻，冷藏保存。

烹調 & 擺盤

〈材料〉2盤份
藍點馬鮫（魚片）…180g
鹽巴…適量
松露醬＊…80g
檸檬汁…適量
蝦夷蔥（碎末）…3g
橄欖油…適量
嫩煎繡球菌＊…適量
黑胡椒…適量

嫩煎繡球菌

用平底鍋加熱橄欖油，放入揉散的繡球菌（60g），撒上些許鹽巴，確實煎煮上色。產生焦黃色之後，加入奶油香煎，加入切碎的火蔥混拌。

1. 接到訂單後，取出藍點馬鮫的魚片，切出2盤份量，撒上些許鹽巴，放置20～30分鐘，讓魚肉恢復至常溫。

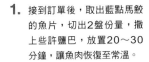

2. 製作醬汁。把檸檬汁擠進加熱的松露醬裡面，混入蝦夷蔥，用鹽巴調味。

3. 在1的藍點馬鮫淋上橄欖油，用加熱的烤網，從魚皮開始燒烤。魚皮呈現烤焦的褐色後，翻面，稍微燒烤魚肉部分。魚皮朝上，放在淺盤裡面，放進250℃的烤箱裡面。

4. 暫時把3的藍點馬鮫取出，縱切成對半。剖面朝上，放在淺盤裡面，再放回烤箱，因為前面已經用預熱加熱過，所以之後大約加熱8成即可。把2的醬汁倒在盤裡，再擺上藍點馬鮫，隨附嫩煎繡球菌，撒上黑胡椒。

> **Point**
> 如果一次加熱到熟透，肉質會變得乾柴，所以要先從烤箱內取出，切成對半後，再放回烤箱繼續加熱。

香煎真鯛
佐秋茄酸豆橄欖醬

魚皮烤得香酥的真鯛，搭配以雞湯為基礎，味道濃郁且鮮明的雪莉醋醬，以及使用了秋茄的酸豆橄欖醬，充滿季節感的一盤。運用餘熱烹煮出豐潤口感。

▶真鯛

魚肉、魚皮都很好吃，熬湯也很美味。骨頭切除後，新鮮度會下降，所以一片片取下使用。因為可以熬出清甜的清湯，所以會留下雜碎魚肉和魚骨，用來熬製成「魚清湯」常備。

備料

1. 收到魚之後，馬上進行處理。刮掉魚鱗，把頭切掉，取出內臟，用流動的水沖洗血和髒汙，將水分確實擦乾。

2. 切開下身。把下身端朝上，菜刀從腹部端切入，沿著中骨切開魚身。接著，菜刀從背部端切入，切開魚身。最後，用菜刀切掉尾巴。中骨上面的堅硬部分就用剪刀剪掉。

3. 刮除腹骨，拔掉小刺。

材料 〈備料量〉

▌酸豆橄欖醬

茄子（烤過之後，去皮）…300g
生薑（細末）…5g　蒜頭（細末）…5g
酸豆（細末）…10g
黑橄欖（細末）…100g
火蔥（細末）…20g　鯷魚（細末）…6片
EXV.橄欖油…50g　鹽巴…適量

▌雪莉醋醬

雪莉醋…100g
雞湯＊…200g
　＊把老母雞的骨頭切開，烤香上色，加入香味蔬菜和白高湯
　　熬煮。用來作為褐色醬汁的底料。
玉米粉…適量　奶油…適量　鹽巴、黑胡椒…各適量

備料

1. 茄子用炭火把外皮烤至焦黑程度後，將外皮剝除，茄子肉切成細碎。和其他切成細末的材料混合，加入EXV.橄欖油稀釋，用鹽巴調味，冷藏保存備用。為保留蔬菜口感，不製作成泥狀，而是把所有碎末材料混拌在一起。

1. 熬煮雪莉醋，直到份量剩下1/4後，加入雞湯熬煮，用玉米粉勾芡，加入奶油，再用鹽巴、黑胡椒調味。

烹調&擺盤

〈材料〉2盤份
真鯛（魚片）…80g
鹽巴…適量
橄欖油…適量
酸豆橄欖醬＊…40g
青紫蘇脆片＊…2片
　＊去除快速烹煮的青紫蘇的水分，放在溫暖的場所乾燥。
雪莉醋醬＊…20g

1. 接到訂單後，準備兩人份的真鯛魚片，在兩面撒上些許鹽巴，讓溫度恢復至常溫。

2. 用平底鍋加熱橄欖油，把1的真鯛魚皮朝下放進鍋裡，一邊按壓，讓魚皮確實緊貼於平底鍋，一邊用小火油煎。

3. 雪莉醋醬加熱備用。

4. 魚皮呈現香酥狀態後，翻面，以魚肉快速平貼於平底鍋的程度香煎。魚皮朝上，放置在淺盤，放進烤箱。

Point
約加熱至8分熟程度。利用餘熱製作出濕潤口感。

5. 取出約2分鐘後，縱切成對半，裝盤。隨附上酸豆橄欖醬，淋上雪莉醋醬，擺上青紫蘇脆片。

Umbilical

　開設在三軒茶屋的『Umbilical』極力推廣的是，以海鮮為主題的休閒法式料理與自然派紅酒的文化，廣受年輕族群，尤其是女性顧客的喜愛，每天總能看到絡繹不絕的人潮。點餐就從朗朗上口的小菜「鵝肝馬卡龍」開始，再來是「本日推薦」，用新鮮度絕佳的魚製作的冷盤等冷前菜（1000日圓起）、油封牡蠣或白酒蒸活貽貝等溫前菜（1000日圓起），主菜是名產「鮮魚馬賽魚湯」（2人份3600日圓）或肉類料理（3000日圓起）。菜單和店內的黑板菜單上都有明確記載這樣的點餐流程，以套餐的形式進行單點。

　海鮮採購主要都是透過，專門將岩手食材批發零售給餐飲店的「CHEF'S WANT」鮮魚便。每天都會透過LINE確認當天大船渡港的卸貨海鮮，再根據漁獲內容下單訂購。然後，隔天就會收到海鮮。當然。依漁獲狀況或季節的不同，有時也

會從豐洲方面進行採購，不過，不管如何，岩手或三陸的新鮮海鮮，只要由岩手出身的小野主廚親手烹製，就能更進一步提高料理的價值。

　最能夠品嚐到這種海鮮魅力的料理便是馬賽魚湯。幾乎每桌顧客都會點的馬賽魚湯，採用了當天的鮮魚、貽貝和大量蔬菜，十分奢華。用岩手的南部鐵器，在熱騰騰的狀態下搬運上桌。用來收尾的燉飯則是使用岩手特產的雜穀和主廚老家生產的「一見鍾情（水稻農林313號）」，成為非常懷舊的「日本人的馬賽魚湯」。

　貽貝也是大船渡產。除了用來作為馬賽魚湯的配料之外，同時也會拿來製作成白酒蒸料理。味道與進口的貽貝截然不同，主廚利用檸檬草的香味，誘出日本產貽貝才有的溫和鮮味與新鮮感。鮮魚也一樣，以馬賽魚湯、香煎2種烹調方式提供，同時設法避免損耗。馬賽魚湯是把魚皮烤至焦脆程度，香煎則是採用細膩且溫和的加熱

讓岩手直送的海鮮美味
更適合搭配自然派紅酒

照片上）以法國為中心，選擇鮮味與礦物質均衡的種類。紅白3種種類、橙酒、桃紅、氣泡都有杯裝供應，一律1100日圓。瓶裝售價6000日圓起。
照片左）宛如藝術品一般的葡萄酒標籤交錯陳列。天然紅酒釀造師的玩心形成本店的重點。

主廚 小野貴裕

岩手出身。和高中同學，同時也是經理的高橋春一起，為了開餐飲店而從上班族時代便開始修業。小野主廚在惠比壽專賣魚料理的『BISTRO SHIRO』、代代木上原的『gris』累積經驗，另一方面，高橋則在『BISTRO SHIRO』和『DEAN&DELUCA』累積服務經驗，之後於2016年開業。

方式，即便是相同的魚，仍會因為不同的加熱方式，製作出各不相同的美味。

全年供應的「條紋四鰭旗魚的生火腿」有著不同於肉類生火腿的沉穩鮮味和鹹味，同時還帶有些微煙燻香氣。搭配季節水果的酸味和甜味，生火腿的鮮味就會產生各種不同的變化，表情也格外不同。柑橘酸味與香氣的運用技巧，應該也是小野主廚所擅長的。只要讓海鮮的味道變得更加溫和，製作出更清爽的味道，就能提高與天然紅酒之間的契合度。2022年7月在松陰神社前開幕的『Pizzeria NeNe』，今後的發展也將備受矚目。

SHOP DATA

■住址／東京都世田谷区三軒茶屋2-15-3
■TEL／03-3413-3478
■營業時間／星期一～星期五18:00～24:00（L.O.23:00）、星期六、假日17:00～24:00（L.O.23:00）
■公休日／星期日　每月2次不定期公休
■客單價／7000日圓

鰤魚冷盤
佐柚子法式酸辣醬拌蘿蔔

3種色彩鮮艷的蘿蔔，再加上醃泡，讓油脂豐富的鰤魚充滿清爽口感的冷盤。涼拌蘿蔔的法式酸辣醬不光只有使用柚子汁，同時還使用了柚子皮增添香氣。醃泡之後，不僅誘出鮮味，肉質也變得更軟嫩，讓鰤魚的味道變得更加鮮明。為了凸顯這個味道，鰤魚刻意採用略厚的切片。

▶鰤魚

大型鰤魚以四分之一塊採購，大約熟成3天之後再使用。鮮味比較濃郁，也會產生黏滑口感。進一步進行醃泡後，去除多餘腥味，進行預先調味。

材料〈備料量〉

▌醃泡鰤魚

鰤魚（魚塊）…350g
鹽巴…重量的1%　砂糖…鹽巴的1/3份量

備料

1. 鰤魚切成魚塊，把鹽巴和砂糖混在一起，撒在每一面，放置一段時間，直到表面滲出水分。

Point

預先醃泡整塊，之後再切出欲使用的份量。

材料〈備料量〉

▌柚子法式酸辣醬拌蘿蔔

西瓜蘿蔔、紅蘿蔔、黑蘿蔔…120g
柚子汁＋柚子皮…40g
法式酸辣醬＊…120g　鹽巴…2.5g

▌法式酸辣醬

醃小黃瓜（細末）…400g　芥末粒…100g
火蔥（細末）…150g
油醋（→p.167）…250g　酸豆（細末）…20g
將所有材料充分混拌。

備料

1. 把3種蘿蔔切成3～5mm的丁塊，泡水，去除辛辣味，把水瀝乾。

2. 刮削柚子皮，擠出柚子汁。

3. 把法式酸辣醬和柚子倒進1的蘿蔔裡面混拌，用鹽巴調味。

烹調&擺盤

〈材料〉1盤份
鰤魚（醃泡）…2塊
柚子法式酸辣醬拌蘿蔔…4片
芽菜…適量
油醋（→p.167）…適量

1. 把醃泡的鰤魚放在廚房紙巾上面，擦乾水分。切成厚度大於1cm的切片，把魚皮撕掉。

2. 把鐵網放在爐子上面，用直火炙燒單面，產生焦色後起鍋，放在淺盤上冷卻。

Point

直火烤出燒焦痕跡，就能增添香氣。

3. 把鰤魚裝盤，上面鋪放柚子法式酸辣醬拌蘿蔔。再用油醋拌芽菜，然後裝飾在最上面。

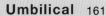

松葉蟹和酪梨塔塔

松葉蟹加上醃小黃瓜、酸豆、火蔥,增加味道與口感,同時再加上酪梨的奶香變化。用圓形圈模製作成雙層的華麗塔塔。非常適合搭配氣泡或輕盈的白酒,配上清爽的優格醬與蒔蘿香氣。

材料 〈1盤份〉

松葉蟹的蟹腳肉…4支
酪梨…1/2個　美乃滋…適量
檸檬汁、蜂蜜…各適量
醃小黃瓜…3條　酸豆…適量
火蔥…適量
鹽巴、白胡椒…各適量
優格醬
　優格、檸檬汁、蜂蜜、鹽巴、蒔蘿
　…各適量
梅爾巴吐司…5片
蒔蘿的花…適量

▶松葉蟹

使用冬季盛產的北海道產松葉蟹。採購用鹽水烹煮過的松葉蟹,將蟹肉製作成塔塔。

作法

1. 酪梨去除種籽,去掉外皮,切成5mm丁塊狀,加入美乃滋、檸檬汁、蜂蜜混拌,再用鹽巴、白胡椒調味。

Point
酪梨不要攪成膏狀,稍微留點顆粒的程度,保留口感。加入蜂蜜,酪梨就會變得更濃郁。

2. 用手把松葉蟹的蟹腳撕碎,混入切成細末的酸小黃瓜、酸豆、火蔥,加入些許美乃滋調味。

3. 在優格加入檸檬汁、蜂蜜、鹽巴,調味後,混入切碎的蒔蘿。

4. 把圓形圈模放在盤子上面,把1的酪梨塞進模型裡面,上面則擺放2的松葉蟹。拿掉圓形圈模,倒入優格醬,附上梅爾巴吐司,裝飾上蒔蘿的花。

條紋四鰭旗魚生火腿和草莓

濕潤且鮮味濃醇。口味不像肉類生火腿那麼厚重，清爽的條紋四鰭旗魚生火腿，非常適合搭配當季水果一起品嚐。除了草莓之外，也會依照時令更換成柿子或無花果等當季水果。用鹽巴確實醃泡一晚之後，一邊觀察狀態，花3～4天的時間進行脫水。以燻製方式增添燻香氣味，進一步熟成之後，再行提供。

條紋四鰭旗魚生火腿和草莓

▶條紋四鰭旗魚

使用和歌山縣產的條紋四鰭旗魚。指定採購接近背部，油脂較少的部位。油脂如果太多，鹽巴就不容易滲入，油脂較少，味道才會比較清爽。血合肉是腥味的來源，要仔細清除乾淨。

材料 〈備料量〉

▌條紋四鰭旗魚生火腿

條紋四鰭旗魚（魚塊）⋯2kg
粗鹽⋯適量　煙燻木⋯適量

備料

1. 一邊清除血合肉，一邊將魚塊分切成竹籤狀。菜刀從血合肉的側面切入，菜刀直接沿著魚皮前進，切出魚塊。將魚塊上下顛倒，菜刀同樣從血合肉的側面切入，直接沿著魚皮切出魚塊。

2. 把魚塊上面的血合肉切除，將魚塊縱切成5～6等分，盡量讓大小平均。

Point

魚塊下方的鹽巴比較容易滲入，所以經過10～12小時後，必須翻轉上下，讓另一面也滲入鹽巴。

3. 把保鮮膜鋪在調理盤上，撒上大量的粗鹽，把分切成竹籤狀的條紋四鰭旗魚放進調理盤，一邊翻轉，讓整體沾滿粗鹽。用保鮮膜覆蓋，放進冰箱冷藏一晚。

4. 隔天，把沾在條紋四鰭旗魚上面的鹽巴沖洗乾淨，用廚房紙巾確實吸乾水分後，用脫水膜捲起來，放進冰箱保存。

5. 經過一天後，更換脫水膜，第4天確
   認水分狀態，如果水分確實脫完，就
   可以進行真空包裝，冷凍保存。

6. 確認庫存狀況，進行解凍，確實擦乾
   水分。

7. 把鋁箔鋪在平底鍋上面，放上煙燻
   木，開火。冒出煙之後，把條紋四鰭
   旗魚放在烤網上面，把調理盆當成鍋
   蓋。大約經過1分鐘半之後，翻面。
   這樣的動作大約重複6次，使整體都
   沾滿燻香。

8. 整體產生色澤和香氣後，取出，把水
   分擦乾，用廚房紙巾包起來，放進冰
   箱裡面冷藏。

烹調＆擺盤

〈材料〉1盤份
條紋四鰭旗魚生火腿（切片）…12片　草莓…11/2個
莧菜籽…適量　巴薩米克醋…適量

1. 把條紋四鰭旗魚
   生火腿切成薄
   片，裝盤。隨附
   上縱切成4等分的
   草莓，裝飾上莧
   菜籽，淋上巴薩
   米克醋。

建議搭配法國
朗格多克的生
產者FRERES
SOULIER的
「LES CROSES
ROSE」。具有煙
燻與果香感，和
火腿、草莓十分
速配。

竹筴魚一夜干沙拉

在新鮮沙拉上面，鋪上肉質鬆軟的一夜干竹
筴魚。冷和溫的溫度差異，讓菜葉蔬菜變得
更軟嫩，更容易入口，份量相當足夠的沙
拉。隨附上細心去除種籽的金柑，芳香、酸
味、苦味參雜，令人印象深刻。

▶竹筴魚

直接使用竹筴魚、鯖魚、沙丁魚等青魚。竹筴魚收到之後，馬上去除內
臟和魚鰓，維持新鮮度。在處理魚肉之前，先用沾濕的廚房紙巾包裹，
避免乾燥。

材料 〈備料量〉

▌竹筴魚一夜干

竹筴魚…1尾
鹽巴…重量的1.2%
砂糖…鹽巴的1/3份量

備料

1. 菜刀從胸鰭旁邊斜切入刀，把頭切掉，削除稜鱗。

2. 採用三片切，削除腹骨，拔掉小刺。

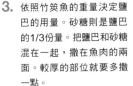

3. 依照竹筴魚的重量決定鹽巴的用量。砂糖則是鹽巴的1/3份量。把鹽巴和砂糖混在一起，撒在魚肉的兩面。較厚的部位就要多撒一點。

4. 用脫水膜把竹筴魚捲起來，在冰箱裡面靜置脫水一晚，製作成一夜干。

烹調&擺盤

〈材料〉1盤份
竹筴魚的一夜干…1片
沙拉油…適量
綠葉生菜、紅芥末水菜、水
　芹、鴨兒芹…各適量
金柑（切片，去除種籽）
　…1個
火蔥（細末）…適量
鹽巴、白胡椒…各適量
油醋＊…適量

▌油醋

紅酒醋…500g
法國第戎芥末醬…40g
蜂蜜…140g
沙拉油…1.2kg
鹽巴…35g
白胡椒…撒40次
將所有材料混合。

1. 煎竹筴魚一夜干。用平底鍋加熱沙拉油，竹筴魚的魚皮朝下放入鍋裡，一邊按壓，一邊油煎魚皮，魚肉部分也要快速香煎。魚皮朝上，放在鋪有烘焙紙的淺盤，用200℃的烤箱保溫。

2. 製作沙拉。把綠葉生菜、紅芥末水菜、水芹、鴨兒芹切成容易食用的大小，放進調理盆，加入金柑、火蔥。撒上些許鹽巴、白胡椒，用油醋拌勻後，裝盤。

3. 確認竹筴魚核心溫度後，取出，把魚肉撕成塊狀，趁熱放在沙拉的上面。

Point
竹筴魚在溫度狀態下上桌。如果太小塊，口感就會比較差。

Umbilical 167

油封牡蠣
煎下仁田蔥
焦化奶油醬

製作成油封，就能提高保存性。這裡是用低溫嫩煮的牡蠣，搭配誘出濃稠甜味的煎下仁田蔥。醬汁是在焦化奶油裡面加入雪莉醋和肉釉。核桃的硬脆口感是亮點。

▶牡蠣

採購大船渡產的大顆牡蠣。周遭的黑色褶皺部分會沾黏牙齒，所以要用水沖洗乾淨。通常不是直接新鮮使用，而是製作成能夠有效保存的油封。

材料 〈備料量〉

▌油封牡蠣

牡蠣（去殼）…11顆
鹽巴…適量
沙拉油…適量

備料

1. 牡蠣用流動的水沖洗乾淨，把水分充分擦乾，排放在鋪有廚房紙巾的調理盤內，撒上些許鹽巴，靜置一段時間。

2. 把冒出表面的水分擦乾。丟進鹽水濃度和海水差不多的熱水裡面，再放進冰水裡面浸泡10秒左右，放涼後，把水瀝乾。

Point

透過熱水汆燙，消除腥臭味，讓肉質變得豐潤。

3. 把沙拉油加熱，讓溫度上升至100℃左右。把牡蠣的水分確實擦乾，放進沙拉油裡面。為了維持溫度，偶爾要翻攪一下整體，約烹煮30分鐘。

Point

溫度上升太高的時候，要先暫時把火關掉，調整溫度。

4. 放涼後，把牡蠣放進保存容器，把烹煮牡蠣的油（上澄液）倒入。在浸泡油的狀態下進行保存。

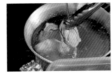

Point

注意，千萬不要把沉澱在下方的水撈進去。

烹調＆擺盤

〈材料〉1盤份
油封牡蠣…4個
下仁田蔥（斜切）…4塊
焦化奶油醬
　奶油…50g
　雪莉醋…8g
　肉釉＊…少量
　＊把小牛高湯熬煮至幾乎收乾的程度。
酸豆…1小匙
火蔥（細末）…1小匙
核桃…適量
鹽巴…適量
菊芋脆片＊…適量
　＊切成薄片乾炸。

1. 取出油封牡蠣，放在廚房紙巾上面，把油瀝乾。

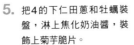

2. 把下仁田蔥放進平底鍋，蓋上鍋蓋，放進烤箱。

3. 製作焦化奶油醬。把奶油放進平底鍋加熱，當沸騰的氣泡變小後，把鍋子從火爐上移開，加入雪莉醋，停止加熱。加入肉釉、火蔥，再把核桃搗碎加入，用鹽巴調味。

4. 平底鍋加熱，香煎1的牡蠣表面。把下仁田蔥從烤箱中取出，翻面後，再次燜烤，讓整體熟透。

Point

下仁田蔥加熱之後，會產生黏稠的甜味。所以要確實烤至中央熟透。

5. 把4的下仁田蔥和牡蠣裝盤，淋上焦化奶油醬，裝飾上菊芋脆片。

白酒蒸貽貝
檸檬草風味

使用大船渡產的活貽貝。在三陸的大海培育的貽貝有著不同於進口貽貝的溫和味道。簡單的酒蒸，在檸檬草風味和香氣的襯托下，充滿個性。溶出鮮味的湯汁也能品嚐到大量美味。

▶貽貝

全年使用岩手縣大船渡產的天然貽貝。採購豐潤的大顆類型。因為外殼有苔蘚附著，所以要用流動的水一邊搓洗外殼。

材料 〈1盤份〉

貽貝…15顆
檸檬草…3～4支
火蔥…1個　沙拉油…適量
蒜頭（切碎後，用油浸漬）…適量
白酒…適量　奶油…適量

作法

1. 檸檬草的長度切成等長。火蔥切片。
2. 用平底鍋加熱沙拉油，放入蒜頭，炒出香氣，放入火蔥、檸檬草香煎，放入貽貝。倒入白酒，加入奶油，蓋上鍋蓋燜蒸。
3. 貽貝開口後，將貽貝取出。一邊確認是否還有沒有開口的，如果沒有開口，就在這個時候將其剃除。
4. 用水調整3的湯汁鹹淡後，把取出的貽貝放回，稍微溫熱後，連同湯汁一起裝盤。

Point

如果加熱過度，貽貝肉就會縮水，所以開口之後，就要馬上取出。

Point

有時也會把溶入貽貝鮮味的湯拿來烹製燉飯。

香煎許氏平鮋佐茼蒿醬

香煎的鮮魚會從當天的漁獲中嚴格挑選。依照每種魚的特性進行熟成，然後在最佳狀態下進行烹調。許氏平鮋是優質的白肉魚，但如果加熱過度，魚肉就容易分散，所以要分多個階段煎煮。醬汁會預先製作底料，然後再變化成各種不同的醬汁。這裡是加入茼蒿泥，製作成色澤鮮豔的醬汁。

▶許氏平鮋

在冬季採購油脂豐富的許氏平鮋。到店後馬上進行處理，然後大約熟成3天後再使用。

材料〈備料量〉

▌醃泡許氏平鮋

　　許氏平鮋…1尾
　　鹽巴…適量

▌中骨的處理

　　處理後的中骨可以用來熬湯。用剪刀剪掉魚鰭，用刷子刷洗乾淨，分成3等分，用流動的水把血沖洗乾淨。

備料

1. 到店後，刮除魚鱗，切掉頭部，去除內臟，用流動的水清除腹中的血合肉和髒汙。確實擦乾水分，用廚房紙巾捲起來，在冰箱裡面熟成3天。

2. 菜刀從胸鰭旁邊斜切，切掉鰓蓋。

> Point
>
> 切掉的鰓蓋，用剪刀把魚鰭剪掉，留下來熬煮馬賽魚湯。

3. 切開下身。菜刀從腹部切入，沿著中骨切開魚肉，背後也要切開，把魚肉從中骨上切開。上身依照背部、腹部的順序切入，從中骨上切開。

4. 把刀背插進腹骨和身體之間，製造出一個縫隙，將菜刀放倒，削切掉腹骨。拔掉小刺。

5. 在魚肉的兩面撒上鹽巴。魚肉較厚的部位就多撒一點，較薄的地方就撒少一點。為了讓表面乾燥，在不覆蓋保鮮膜的狀態下，直接放進冰箱。

〈材料〉2人份

醃泡許氏平鮋＊…170g

鹽巴、白胡椒…各適量

奶油…適量

奶油醬底料＊…適量

茼蒿泥＊…適量

連葉洋蔥…1支

蝦芋（水煮）…1塊

黑甘藍葉…2片

沙拉油…適量

橄欖油…適量

▌奶油醬底料

A

火蔥（切片）…2片

蒜頭（細末）…1小匙

法式清湯…500g

花蛤湯…250g

鮮奶油…400g

把A放進鍋裡加熱，熬煮至份量剩下1/3。加入鮮奶油，加熱至沸騰程度，冷卻後進行冷藏保存。

▌茼蒿泥

用鹽水烹煮茼蒿，把水擰乾，和法式清湯一起放進攪拌機攪拌，製作成泥狀。

1. 製作茼蒿醬。把奶油醬底料加熱，加入茼蒿泥，稍微溫熱，用鹽巴調味。

2. 把醃泡許氏平鮋表面的水分擦乾，在魚肉面撒上少許鹽巴、白胡椒，翻面，魚皮面抹上奶油，撒上少許鹽巴、白胡椒。

Point
在魚皮塗抹奶油，可以增添香氣、濃郁和風味。

3. 用平底鍋加熱沙拉油，把連葉洋蔥和蝦芋放進鍋裡，煎出焦色，撒上鹽巴。黑甘藍葉淋上橄欖油，用烤箱烤至酥脆程度。

4. 用另一個平底鍋加熱沙拉油，把2的醃泡許氏平鮋的魚皮面朝下放進鍋裡，用鍋鏟按壓，避免魚肉翻翹。魚肉狀態穩定後，直接連同平底鍋一起放進200℃的烤箱內。標準約烤2〜3分鐘。

5. 確認魚的狀態，魚肉呈現白色之後，就從烤箱內取出，再次把魚皮煎至酥脆。在魚皮就快要焦黑之前，翻面，只讓魚肉瞬間加熱一下，就把魚皮朝上，移到淺盤。再次放進烤箱烤2〜3分鐘。

Point
如果只在平底鍋上面煎煮，只有下方會受熱。利用平底鍋、烤箱，分多個階段加熱，就能運用餘熱，也能實現緩慢加熱的目的。

6. 確認魚的核心溫度，只要中央呈現半熟狀態，就算完成了。最後再用瓦斯噴槍炙燒魚皮，使魚皮呈現酥脆。

7. 把魚塊切成對半。把預先溫熱的茼蒿醬倒在盤底，魚塊的剖面朝上擺放。再隨附上3的連葉洋蔥和蝦芋、黑甘藍葉。

Point
只要熱度恰到好處，剖面就會出現虹色般的光澤。

馬賽魚湯

標榜海鮮小酒館的本店特色。濃醇鮮味的魚高湯裡面有當季的白肉魚、蝦、貽貝，用料十分奢華、豐富。用南部鐵器的鍋子烹煮，熱騰騰上桌。白肉魚煎至魚皮就快焦黑的程度，香氣四溢。另一方面，預先備料的米雷普瓦等，也可以看到主廚的細心之處。

材料〈2人份〉

許氏平鮋（魚塊）…2塊　草蝦…2尾
沙拉油…適量　貽貝（已處理）…6個
花蛤（已吐沙）…6個
香味蔬菜（洋蔥、胡蘿蔔、韭蔥、茴香）＊…適量
　＊將各種蔬菜分別切成細絲混在一起，常備。
番紅花…少量　魚高湯（→p.176）…360ml
青花菜（水煮）…2塊
黃金花椰菜（水煮）…2塊
蓮藕（水煮）…4塊
香草（平葉洋香菜、蒔蘿）…適量
EXV.橄欖油…適量

174

作法

1. 接到訂單後，在許氏平鮋的兩面撒上些許鹽巴。把草蝦身體部分的外殼剝掉，在背後切出刀痕，去除沙腸。

2. 沙拉油用平底鍋加熱，把1的許氏平鮋的魚皮朝下放進鍋裡，一邊按壓，香煎魚皮。草蝦也一併放入，讓蝦子的香氣轉移到魚肉上面。魚肉部分快速煎過後，起鍋。

Point
放入湯裡面之後，魚皮會變得皺皺的，所以要確實煎至快要焦黑的程度。

3. 用南部鐵器的鍋子加熱沙拉油，放入香味蔬菜和番紅花拌炒，產生香氣後，加入魚高湯，放入貽貝、花蝦、煎過的許氏平鮋、青花菜、黃金花椰菜、蓮藕。

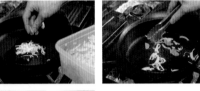

Point
許氏平鮋如果把魚皮朝下，香酥口感就會消失，所以要讓魚肉朝下。

4. 湯煮沸後，撈除浮渣，取出開口的貽貝，並確認是否還有沒開口的。

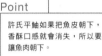

5. 烹煮至某程度後，把貽貝放回，加入煎過的草蝦。取出貽貝時的湯也要倒回。試一下湯的濃度，如果太濃，就用水調整。

Point
貽貝如果加熱過度，貽貝肉會縮水，所以要先取出。

6. 把鐵籤插進魚塊裡面，確認核心溫度後，裝飾上香草，淋上EXV.橄欖油。蓋上鍋蓋，上桌供餐。

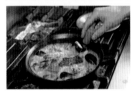

▎收尾的燉飯

如果馬賽魚湯的湯還有剩餘，會建議用來烹製成收尾的燉飯。米是由岩手出產的米「一見鍾情」和雜穀混在一起烹煮而成。像菜粥那樣，做出鍋物的收尾感。

1. 把剩餘的湯過濾加熱，加入雜穀米混合，加入黑胡椒、奶油。

2. 整體混合後，裝盤，加入切碎的蒔蘿和平葉洋香菜、起司粉後，供餐。

雜穀也是代表岩手的食材。使用雜穀米製作收尾的燉飯，也能凸顯其特徵。

魚高湯

店內非常受歡迎的馬賽魚湯，每周備料3次。基本上是以雜碎魚肉和魚骨、龍蝦頭、甜蝦頭、米雷普瓦為主體，同時也會使用營業無法使用的魚或花枝的邊角料，把所有的材料熬煮成魚高湯。

材料

雜碎魚肉和魚骨…3kg
把白肉魚的鰓蓋、頭、中骨留存起來。冷凍前先去除魚鰓，用流動的水沖洗，把血合肉清除乾淨。中骨也要用流動的水沖洗，切成適當的大小，充分把水分擦乾，進行冷凍。

龍蝦…2kg
自然解凍的情況下，外殼的顏色會變差，所以採用流水解凍，以避免溫度升太高。把頭的殼拆下，同時把身體部分分開。去除砂囊和鰓，取出蝦膏備用。

甜蝦頭…1kg
用流動的水解凍。具有濃郁的鮮味。水分是引起腥臭的根源，所以要用烤箱確實烤乾。

海鮮的邊角料
營業上無法使用，形狀不完整的尾部或花枝的口器等部分也可以用來熬製高湯。

蔬菜
韭蔥…200g　西洋芹…100g
洋蔥…350g　胡蘿蔔…200g
番茄…4個　番茄醬…300g
蒜頭…1株
把各種蔬菜切成適當大小備用。

其他材料
沙拉油…適量　利口酒…200g
白酒…400g　魚清湯＊…3ℓ
水…約4ℓ　粗鹽…1撮
百里香…2～3支　月桂葉…2片

＊魚清湯
把3尾份量的鯛魚頭清洗乾淨，加入韭蔥的綠色部分和水4ℓ、粗鹽30g，持續熬煮約1小時，直到份量剩下3ℓ為止。

作法

1. 依序把材料雜碎魚肉和魚骨、龍蝦頭、甜蝦頭，放進烤箱裡面烤。首先，把雜碎魚肉和魚骨排放在鋪有烘焙紙的烤盤，淋上沙拉油，用230℃的烤箱約烤20分鐘。

Point
淋沙拉油是為了增添香氣。

2. 雜碎魚肉和魚骨產生烤色後，取出，龍蝦頭的部分和蝦頭也要淋上沙拉油，用烤箱烤。

3. 用平底鍋加熱沙拉油，用大火炒韭蔥、西洋芹、洋蔥、胡蘿蔔。

Point
炒出烤色，能夠增添蔬菜的香氣，同時也能誘出味道與鮮味。

4. 魚的邊角料也要一邊按壓魚皮，把魚皮煎酥，產生烤色後，翻面，繼續香煎。花枝同樣也要煎出烤色。

5. 用外輪鍋加熱較多的橄欖油，在橄欖油變熱的時候，丟入龍蝦頭的殼，用大火翻炒，直到殼變色。

Point
龍蝦殼會產生很棒的蝦子香氣。持續炒至整體變紅，產生香氣。

橙酒「Nespola 2021」帶有完熟柑橘的果實味和香草的複雜味。面向地中海的魯西地方的紅酒，和相同地區的鄉土料理馬賽魚湯的複雜味道十分速配。

6. 產生香氣後，放入甜蝦頭、龍蝦的身體，用木鏟一邊搗碎，如果有蝦膏溢出，就翻炒一下。

7. 甲殼類的食材變細碎後，倒入雜碎魚肉和魚骨，再進一步一邊搗碎，一邊翻炒，中途如果出現油不夠的情況，就再加點油。

8. 進一步把4的邊角料加入搗碎，3的蔬菜也加進來，一邊搗碎，一邊充分混拌。底部沾黏焦黑的部分也是鮮味，所以要一邊刮一邊炒。

Point
把食材搗碎，誘出所有食材的鮮味，讓水分被吸收的感覺。

9. 整體混拌均勻後，加入利口酒、白酒，使酒精揮發，稍微收乾湯汁。

10. 收乾湯汁後，加入魚清湯、水，用大火煮沸，沸騰後，撈除浮渣。

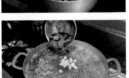

11. 加入番茄、番茄醬、蒜頭、龍蝦的蝦膏、粗鹽、百里香、月桂葉混拌，再次煮沸後，撈除浮渣。

Point
蒜頭去腥、鹽巴去苦澀。月桂葉加熱後則是能增添香氣。

12. 把火關小，維持咕嘟咕嘟持續沸騰的火侯，熬煮1小時。

Point
如果熬煮時間超過1小時，蝦子就會產生澀味，所以要在試過味道後，關火。

13. 用網格較細的濾網，把12的高湯分次倒入，用麵棍一邊搗壓。倒進保存容器裡面保存。

BISTRO-CONFL.

東京・駒澤大學

店名『confl.』是法國的地理用語，意思是點或交匯處。老闆倉田俊輔在都內的餐廳累積餐飲服務的經驗，於28歲的時候開設法國料理餐廳。之後，將餐廳改裝成享受悠閒時光的小酒館風格。2008年開業以來，午餐時光是家庭或女性聚會的場所，晚上則是眾多以優質紅酒和小酒館料理為目標的成人饕客。

2018年，阿部主廚來到小酒館之後，店內的海鮮料理就變得更加充實。阿部主廚會騎著摩托車去北部市場採購，據說他在之前的職場就經常往返北部市場。即便是法國料理中很少用來入菜的魚類，只要是當季的美味漁獲，他還是會採購回去，「想挑戰看看，用法國料理的技巧能夠做到什麼程度」。往返市場之間，他也逐漸和批發業者建立了信賴關係，同時也會積極採購「要不要試試看」的推薦漁獲。

北寄貝的菜單就是在這種情況下誕生的。把北

寄貝快速汆燙，誘出貝肉本身的甘甜之後，再用帶有檸檬草香氣的油醃泡。透過醃泡，與添加了貝類高湯的奶香茴香泥、清爽的酢橘油醋融為一體。

剝皮魚採用昆布漬，讓魚肉充滿鮮味與香氣，再佐以肝醬品嚐。雖然感覺有點像日本料理的生魚片，不過，醬汁是用白酒烹煮肝臟，減輕了腥味，同時還另外加上了香草。隨附的鹽漬鮭魚子也是，用馬德拉酒浸漬，讓風味更顯豐富。像這樣，把每一種不同的配料加以拼湊組合，最終就能化身成最適合搭配紅酒的一盤。

藍點馬鮫等大型魚類大多都是整尾採購。確實用水清洗，仔細切除血合肉，在魚塊狀態下進行保存，再根據訂單進行分切，藉此防止劣化。

油封鱈魚不是採用預先備料製作的方式，而是收到訂單才進行油煮。烹煮的時候，除了維持低溫之外，還特地在鍋底鋪上廚房紙巾，讓火侯變

在小酒館裡靠著法國料理的技巧
把稀有海鮮變成一道道生動菜餚

照片下）從開業初期便把重點放在天然紅酒。現在以杯裝方式供應紅白共4種酒類。杯裝1100日圓起，瓶裝6000日圓起。也會提供搭配建議。
照片右）隱藏在住宅區內。店內是木質格調的溫馨空間，每個人都可以在這裡盡情放鬆。

主廚 阿部兼二

在東京都內的知名法國料理餐廳累積經驗，於2018年在本店擔任第5代主廚。海鮮都是親自到川崎市北部市場採購。也會積極採購只有日本料理才會使用的漁獲，憑著精湛的法國料理技巧，將稀有的魚獲變成小酒館料理。

得更加柔和，透過這樣的細微巧思，製作出豐潤的油封料理。

被稱為白色馬賽魚湯的南法鄉土料理「賽特魚湯（Bourride）」是該店的招牌菜之一。不浪費海鮮處理後所遺留下來的大量雜碎魚肉和魚骨，和蔬菜一起拌炒，再用大量的利口酒和白酒增添風味，熬煮出精華。再以魚鱗香酥的馬頭魚、大顆蛤蜊、Q彈的花枝入菜，豐盛感滿滿。

因為「希望把生產者和顧客串在一起」，所以才有了『confl.』這個名字。善用所有食材的料理用心，充滿了各種巧思與創意。

SHOP DATA

- 住址／東京都世田谷区上馬4-3-15 1F
- TEL／03-3419-7233
- 營業時間／午餐 11:30～15:00（L.O.14:00）晚餐平日18:00～23:00（L.O.22:00）、晚餐六日、假日17:30～22:00（L.O.21:00）
- 公休日／星期二 每月第1個星期一
- 客單價／午餐2000日圓、晚餐6000～8000日圓

炙燒檸檬醃泡梭子魚
薯蕷沙拉　酪梨醬

使用油脂豐富的當季梭子魚，利用檸檬的清爽酸味和香氣進行醃泡。梭子魚採用鹽漬，排出多餘的水分和腥臭，讓味道確實滲入。在帶有奶香的酪梨裡面加入辣根，增添些許辛辣，形成誘人食慾的味道。酥鬆的薯蕷口感是味覺的亮點所在。

▶梭子魚

秋天進入油脂豐富的產季後，就會透過市場採購。有著高雅鮮味的梭子魚，先以鹽漬方式誘出鮮味，再進行醃泡。梭子魚也很適合煮湯，所以頭和中骨會以雜碎魚肉和魚骨存放，作為熬湯使用。拍攝使用大分縣豐後水道產的梭子魚。

材料 〈備料量〉

▌檸檬醃泡梭子魚

梭子魚…2尾
鹽巴…重量的0.7～0.8%
醃料
　白酒醋…100g
　檸檬汁…15g
　精白砂糖…5g
　檸檬（切片）…1/3個

備料

1. 刮除魚鱗，切掉頭部，取出內臟，用流動的水沖洗，把血合肉去除，將水分擦拭乾淨。

> **Point**
> 梭子魚的肉質比較緊實，所以腹部裡面的血合肉要用牙籤刮出。

2. 從下身開始切。菜刀依序切入腹部、背部，將魚肉從中骨上切開。刮除腹骨，再用拔刺夾拔掉小刺。

3. 魚皮朝下，排放在調理盤內，撒上鹽巴，放進冰箱鹽漬30分鐘左右。

> **Point**
> 刮除的腹骨也要拿來熬湯。

4. 用廚房紙巾把釋出的水分擦掉，排放在調理盤內，將切片的檸檬放在魚肉上面，倒入由白酒醋、檸檬汁、精白砂糖混合而成的醃料。輕蓋上保鮮膜，放進冰箱醃泡40分鐘。

> **Point**
> 只有酒醋和檸檬汁的話，酸味會太過強烈，所以要加點精白砂糖稍微緩和。

5. 魚肉周邊稍微呈現泛白後，把檸檬片拿掉，擦乾水分，魚皮朝上，用瓦斯噴槍炙燒。放進冰箱冷藏備用。

> **Point**
> 炙燒魚皮，烤出香氣。

烹調 & 擺盤

〈材料〉1盤份
檸檬醃泡梭子魚…100g
酪梨醬
　酪梨…1/4個
　辣根…適量
　美乃滋、鹽巴…各適量
薯蕷（短籤切）…30g
洋蔥（香煎）…15g
鹽巴…適量
法式沙拉醬＊…適量
莧菜籽、豆苗…各適量
檸檬汁…少許
EXV.橄欖油…1小匙
結晶鹽…1小撮

▌法式沙拉醬

沙拉油…250ml　西洋黃芥末…15g
美乃滋…50g
白酒醋…35g
檸檬汁…7g　洋蔥…50g
鹽巴…12g　白胡椒…適量

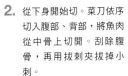

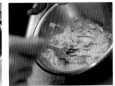

1. 準備已經熟透的酪梨，放進調理盆內，用叉子搗碎。加入西洋黃芥末碎屑，再用美乃滋和鹽巴調味。

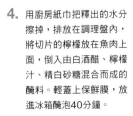

2. 把薯蕷和香煎洋蔥混在一起，用鹽巴和法式沙拉醬調味，裝盤。

3. 把冷卻的梭子魚取出，斜切後，重疊在2的食材上面，把結晶鹽撒在魚肉上面，把酪梨香草醬塑成紡錘狀，附在一旁。用檸檬汁和EXV.橄欖油、鹽巴混拌莧菜籽和豆苗，裝飾在最上方。

> **Point**
> 結晶鹽是埃及產的沙漠鹽，會在嘴裡瞬間化開。和梭子魚之間也十分調和。

大分豐後水道的醃泡竹筴魚
茄子泥
白乳酪醬

對於竹筴魚的採購,新鮮度當然不用說,對於尺寸方面也非常執著,大膽熟成,鎖住鮮味。在保存前先進行鹽漬,然後用加了檸檬和白酒的冰水清洗,確實去除腥味是關鍵所在。只要這麼一個小步驟,和佛手瓜之間的契合度就會變得更好。利用爽口的白乳酪醬、茄子泥增添味覺變化。

▶竹筴魚

嚴選新鮮度絕佳的竹筴魚。拍攝時使用大分縣豐後水道捕獲的竹筴魚。也經常使用在相同海域捕獲的品牌魚,關竹莢魚。通常都是運用其優異的新鮮度,在不加熱的情況下,製作成醃泡。

▌醃泡竹筴魚

竹筴魚（魚片）…100g
鹽巴…重量的0.7～0.8%
冰…適量
白酒…250ml
檸檬汁…20ml
EXV.橄欖油…適量
蒔蘿…適量

▌茄子泥

茄子…5條（1條70～80g）
鹽巴…適量
橄欖油…適量
蒜頭（切片）…1瓣
百里香…4～5支
醃生薑（碎末）＊…2g
　＊去皮後，切成薄片，放進溫熱的
　　醃泡液裡面浸漬，直接放涼。

▌醃泡液

水…90g
白酒醋…90g
精白砂糖…20g
鹽巴…3g
鷹爪辣椒…1/2條
白胡椒粒…5粒

備料

醃泡竹筴魚

1. 削除稜鱗，切掉頭部，取出內臟，用流動的水洗掉血合肉和髒汙。將水分擦乾後，切成三片切，削除腹骨，拔掉小刺。

2. 在魚肉的兩面撒上鹽巴，鹽漬10分鐘。

Point
用檸檬汁和白酒清洗，可提高保存性，也能增添香氣。

3. 把白酒和檸檬汁倒進大量的冰裡面，把2的竹筴魚放進冰裡面清洗，去除腥臭。

4. 把水分確實擦乾，放進真空用的袋子裡面，加入蒔蘿、EXV.橄欖油，進行真空包裝，冷藏保存。

Point
熟成2天後，鮮味就會增加。店裡通常是第2天之後再使用。

茄子泥

1. 茄子縱切成對半，切出格子狀的切痕，撒上些許鹽巴，淋上橄欖油，把蒜頭、百里香放在上面，放進烤箱裡面烤。出爐後，把茄子肉刮下來，用菜刀切碎，和醃生薑混拌在一起。

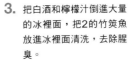

烹調&擺盤

〈材料〉1盤份
醃泡竹筴魚＊…100g
白乳酪醬
　白乳酪…20g
　牛乳…3～4g
　檸檬皮…1/4個
　鹽巴…適量
佛手瓜…適量
鹽巴、EXV.橄欖油…各適量
特雷威索紅菊苣…適量
法式沙拉醬（→p.181）…適量
茄子泥＊…適量
蒔蘿…適量

1. 用牛乳稀釋白乳酪，加入檸檬皮碎屑，用鹽巴調味。把圓形圈模放在盤子上面，在周圍倒上白乳酪醬。

2. 佛手瓜去皮，切成片狀，去除種籽，撒上鹽巴，淋上EXV.橄欖油。特雷威索紅菊苣切成絲，用法式沙拉醬拌勻。

3. 取出醃泡竹筴魚，把皮撕掉，切成3～4等分，用2的佛手瓜夾起來，擺進1的盤子裡面。

4. 把茄子泥鋪在竹筴魚的上面，把2的特雷威索紅菊苣放在上面，裝飾上蒔蘿，淋上EXV.橄欖油。

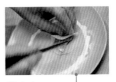

Point
一個個組合裝盤，讓顧客一次品嚐到熟成竹筴魚的黏稠口感和佛手瓜的清脆口感。

檸檬草醃泡北寄貝
茴香泥
酢橘油醋

很少在小酒館看到的北寄貝，用熱水汆燙發色後，放進沾滿檸檬草香氣的油裡面浸漬。硬脆口感、隱約的甜味也是北寄貝獨有的特色。茴香泥是用同樣是貝類的蛤蠣的高湯稀釋製作。油醋裡面增加了酢橘的強烈酸味。

▶北寄貝

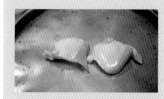

大多都是用來製作成生魚片或壽司的北寄貝。主廚在經常採購的市場碰到有人推薦當季食材，因而試著將其菜單化。採購帶殼狀態的北寄貝，快速汆燙後再進行醃泡。

材料 〈備料量〉

▌醃泡北寄貝
北寄貝…適量　檸檬草…1支
橄欖油…400g　蒜頭…1瓣

▌茴香泥
茴香（薄片）…150g
洋蔥（薄片）…150g　奶油…40g
蛤蠣高湯＊…適量

▌蛤蠣高湯
把清洗乾淨的蛤蠣和白酒放進鍋裡加熱，蓋上鍋蓋烹煮。蛤蠣開口後，取出蛤蠣肉，把湯汁當成高湯。蛤蠣肉就進行油漬。

烹調 & 擺盤

〈材料〉1盤份
醃泡北寄貝＊…1個
茴香泥＊…20g
牛乳…適量　鹽巴…適量　水菜…適量
油漬蛤蠣肉…2個
酢橘油醋＊…適量
加賀蓮藕（水煮）…適量
醃西瓜蘿蔔＊…適量
鹽巴…適量
EXV.橄欖油…適量

▌醃西瓜蘿蔔
切成適當大小後，放進醃泡液（→p.183）裡面浸漬，切成細碎。

▌酢橘油醋
酢橘…6～8個（果汁50g）
西洋黃芥末…3g
精白砂糖…1g
鹽巴…1撮
橄欖油…20g

醃泡北寄貝

1. 把北寄貝的殼撬開，取出貝肉，把清肉和裙邊分開。切開清肉，取出內臟，用流動的水沖洗乾淨。

2. 把貝肉和裙邊丟進熱水裡面，變色後，放進冰水裡面浸泡冷卻，瀝乾水分。

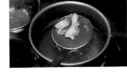 

3. 把檸檬草和蒜頭放進橄欖油裡面加熱，讓香氣轉移到油裡面。

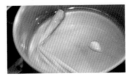

4. 把2的北寄貝清肉和裙邊放進真空用的袋子，加入冷卻的油，進行真空包裝，浸漬半日以上。煮完高湯的蚌蠣肉也一樣，在進行油漬後，進行真空包裝。

Point
放進油裡浸漬，再進行真空包裝，也可以拉長保存期限。

茴香泥

1. 用鍋子加熱奶油，把茴香和洋蔥放進鍋裡炒，變軟之後，倒入蚌蠣高湯和適量的水。用小火烹煮至蔬菜變軟。

2. 把1倒進攪拌機攪拌成柔滑狀，倒進調理盆，底部隔著冰水，急速冷卻。

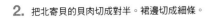

1. 用牛奶稀釋茴香泥，試味道，用鹽巴調味，倒在盤裡。

2. 把北寄貝的貝肉切成對半。裙邊切成細條。

3. 製作裙邊和水菜的沙拉。把裙邊和油漬蚌蠣肉、水菜放進調理盆，用酢橘油醋拌勻。

Point
蚌蠣肉就用煮完高湯之後取下備用的蚌蠣肉。和北寄貝一樣，同樣要進行油漬。

4. 把3的沙拉分成2坨，分別擺放在1的盤子裡，把2的貝肉裝盤。附上撒了少許鹽巴的加賀蓮藕，撒上醃西瓜蘿蔔和酢橘油醋涼拌的水菜莖。最後淋上EXV.橄欖油。

昆布漬剝皮魚佐肝臟香草醬

昆布漬、肝醬、鮭魚子,巧妙融合日式風格的一盤。清淡的白肉魚用昆布醃漬,讓肉質變得鬆軟帶嚼勁,濃醇的肝醬也毫不遜色。肝臟和百里香、白酒一起烹煮,讓味道變得更加柔和。鹽漬鮭魚子用馬德拉酒浸漬,使風味更添豐富。讓鮭魚子撒落在各處,成為整盤的亮點所在。

▶剝皮魚

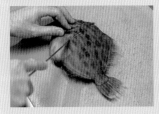

頭大肉薄，雖然沒什麼肉，不過，肝臟卻十分美味。處理的時候，要避免把肝臟壓破，將肝臟留起來製作醬汁。清淡的魚肉就跟日式料理的生魚片一樣，藉由昆布漬的方式來增添鮮味。

材料 〈備料量〉

▌昆布漬剝皮魚

剝皮魚…1尾
鹽巴…重量的0.7～0.8%
昆布…適量

▌肝臟香草醬

肝臟…130g
鹽巴…2g
白酒…少許
水…適量
百里香…1～2支
茴香芹、蒔蘿…各適量
橄欖油…適量

備料

昆布漬剝皮魚

1. 菜刀從頭部突起部的後面插入，切到中骨的粗大骨骼處。反方向也要採用同樣的切法，然後，用手抓住頭和身體，往左右拉扯，將頭和身體分開。

2. 把身體裡面的內臟取出，只留下肝臟。用流動的水充分清洗腹中的血合肉和髒汙。肝臟也有血管，所以也要用流動的水清洗乾淨。

3. 把水分確實擦乾後，把身體的皮剝掉，切下魚肉。削除腹骨，拔掉小刺。

4. 在3的魚肉上面撒上些許鹽巴，依照魚肉、昆布、魚肉的順序重疊，再用保鮮膜覆蓋，進行昆布漬30分鐘。

Point

如果用大火烹煮，肝臟就會稀爛，所以要用小火慢慢加熱。

肝臟香草醬

1. 把肝臟放進鍋裡，撒上些許鹽巴，淋上少許的白酒，放入百里香，加入淹過肝臟的水量，用小火慢慢加熱。

2. 肝臟熟透之後，取出肝臟，用菜刀剁碎，再用切碎的茴香芹、蒔蘿、橄欖油拌勻。

〈材料〉1盤份
　昆布漬剝皮魚…50g
　馬德拉酒漬鮭魚子＊…6g
　肝臟香草醬…適量
　杏仁脆片（烤）…2撮
　芝麻菜苗…適量
　法式沙拉醬…適量
　醃白花椰菜＊…適量
　EXV.橄欖油…適量

▌馬德拉酒漬鮭魚子

　筋子（預先處理）…200g
　岩鹽…8g
　馬德拉酒…50g

1. 筋子放進50℃的鹽水裡面浸
　泡，把膜撕開，放進濾網裡
　面，用流動的水沖洗，去除
　殘留的血合肉和薄膜。

2. 把岩鹽溶於馬德拉酒，放入
　瀝乾水的鮭魚子浸漬1天。

Point

　馬德拉酒的風味能夠消除鮭魚
　子的腥臭味。

▌醃白花椰菜

　白花椰菜快速烹煮後，放進醃
　泡液裡面浸漬。因為是口感重
　點，所以要切成細碎。

1. 把剝皮魚的魚皮朝下，撕開
　薄皮，削切成薄片。

2. 將薄片鋪盤子裡面，把肝臟
　香草醬抹在魚肉上面，撒上
　杏仁脆片。

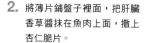
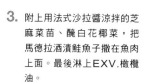

3. 附上用法式沙拉醬涼拌的芝
　麻菜苗、醃白花椰菜，把
　馬德拉酒漬鮭魚子撒在魚肉
　上面。最後淋上EXV.橄欖
　油。

Point

　剝皮魚的魚皮和魚肉之間
　還有一層薄皮，那層薄皮
　會影響口感，所以要將其
　撕除。

近年來，名氣越來越響亮
的法國羅亞爾的生產者
Alexandre Bain的紅酒。
「Terre d'Obus」有著宛
如蜜糖般的甘甜，非常適合
鮭魚子等魚卵濃縮的鮮味。

日本鰆干貝捲

把切成一口大小的日本鰆和干貝，用白肉魚的慕斯連接起來，再用薄麵皮包起來。採用表面煎炸出酥脆口感，同時再將日本鰆和干貝蒸烤出豐潤口感的手法。非常適合搭配派皮或海鮮的修隆醬是法式料理中的經典醬汁，為料理帶來優雅的餘韻。

日本鰆干貝捲

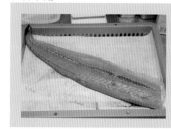

▶日本鰆

大型的日本鰆通常不是整尾採購，就是半身採購。魚塊不會在備料階段進行分切，而是在接到訂單後才進行分切。

材料 〈備料量〉

∎ 魚肉慕斯

白肉魚（比目魚）…150g
蛋白…10g
鮮奶油（乳脂肪含量38%）…30g
牛乳…60g
干邑白蘭地…少量

∎ 修隆醬

蛋黃…2個
濃縮液＊…15g
檸檬汁…1g
番茄糊＊…30g
鹽巴…適量

∎ 濃縮液

火蔥…200g
白酒…150g
白酒醋…150g
月桂葉、百里香…各適量
把所有材料放進鍋裡，仔細熬煮。醬汁酸味的來源。

∎ 番茄糊

橄欖油…適量
蒜頭（細末）…2瓣
洋蔥（薄片）…1個
番茄（切塊）500g
白酒…適量
百里香、月桂葉…各適量
用橄欖油把蒜頭炒香，產生香氣後，放入洋蔥拌炒，加入番茄、白酒、百里香、月桂葉，烹煮20～30分鐘。拿掉百里香、月桂葉，用攪拌機攪拌，以真空包裝的方式保存。

備料

魚肉慕斯

1. 把比目魚的皮撕開，魚肉切成容易攪散的大小，放進食物調理機攪碎。變成整團狀態後，加入蛋白攪拌。

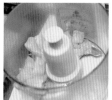

Point

用來製作魚肉慕斯的白肉魚，使用比目魚等比較沒有筋的魚。

2. 魚肉彙整成團後，倒進攪拌盆，為避免油水分離，底部接觸冰塊，加入鮮奶油稍微混拌，用干邑白蘭地增添香氣。分多次加入牛奶，一邊混合攪拌，調整硬度。

修隆醬

1. 把蛋黃和濃縮液、檸檬汁混在一起，用打蛋器攪拌，一邊隔水加熱。

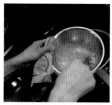

2. 產生濃稠度後，加入番茄糊充分混合攪拌，用鹽巴調味。放在溫暖的場所等待供餐。

Point

如果太過濃稠，就用水加以稀釋。

〈材料〉1盤份
日本鱸…40g
鹽巴…適量
干貝…20g
魚肉慕斯＊…60g
薄麵皮…1/2片
橄欖油…適量
油菜花（水煮）…1支
加賀蓮藕（水煮）…1塊
白花椰菜（水煮）…1塊
修隆醬＊…適量
萵苣纈草…適量

1. 收到訂單後，把魚塊分切。切成一口大小，以保留口感，撒上少許鹽巴。干貝切成4等分，撒上少許鹽巴。

Point

魚塊在帶皮狀態下保存。

Point

預先將薄麵皮切成對半。

2. 把魚肉慕斯裝進擠花袋，擠在薄麵皮上面。

 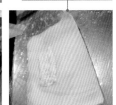

3. 在慕斯上面交錯排列1的日本鱸和干貝，把薄麵皮的邊緣往上拉提，把食材包覆捲起來，捲一圈之後，抹上橄欖油，把兩端往內折，讓薄麵皮黏接起來。

4. 用平底鍋加熱橄欖油，把3的日本鱸干貝捲放進平底鍋油煎。4面都煎出烤色之後，暫時放進約240℃的烤箱裡面。

5. 用橄欖油煎煮油菜花、加賀蓮藕、白花椰菜等配菜，撒上鹽巴。

Point

外側酥脆後，內側就會輕微受熱。如果烤烤太久，裡面的干貝就會變得硬柴。

6. 從烤箱裡面取出4的日本鱸干貝捲，再次用平底鍋煎烤。確認核心溫度後，切成對半，裝盤。附上5的配菜，倒入加熱備用的修隆醬，並裝飾上萵苣纈草。

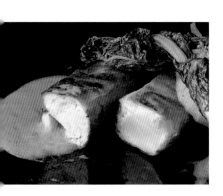

星鰻稻草燒
烤茄子和黑松露

使用直火，簡單且霸氣的星鰻湯。星鰻先用白酒蒸煮，再用點火的稻草煙燻，增添野性的香氣。茄子也是採用直火，烤得焦黑之後，剝掉外皮，放進滋味濃郁的雞湯裡面。把星鰻層疊在上方，然後再撒上與稻香十分匹配的松露碎屑。

▶星鰻

脂肪較少、肉質爽口的夏季才
有的菜單。主要使用千葉縣銚
子產的星鰻。剛開始是先採用
白酒蒸煮，讓爽口的肉質變得
豐潤之後，再進行烹調。

材料 〈1盤份〉

星鰻…80g
茄子…1條
鹽巴、白酒…各適量
雞清湯＊…120g
松露…3g
EXV.橄欖油…適量

▌雞清湯

全雞骨頭…4kg
水…適量
洋蔥（煎烤）…3個
胡蘿蔔…2條
西洋芹…3支
蒜頭…1株
百里香、月桂葉…各適量
把全雞骨頭放進鍋裡，加水，加入蔬菜
和香草烹煮。過濾後，當成高湯備用。

作法

1. 把處理好的星鰻放在鋪有
廚房紙巾的淺盤裡面，撒
上少許鹽巴，淋上白酒。
覆蓋保鮮膜，放進蒸籠裡
面，蒸煮20分鐘。

2. 直火燒烤茄子，外皮焦黑
後，放進冰水裡面，剝掉
外皮，切除蒂頭，撒上鹽
巴。

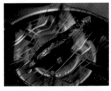 

3. 把茄子放進雞湯裡面保
溫。

Point

茄子的焦香會轉移到雞
湯裡面。

4. 在烤台準備稻草，放上烤
網，把白酒蒸煮的星鰻放
在烤網上面。點燃稻草，
把調理盆蓋上，煙燻1～
2分鐘。

5. 把3的茄子連同湯一起裝
盤，把4的星鰻放在上
面，撒上松露碎屑，淋上
EXV.橄欖油。

Point

稻草的香氣、茄子的焦香和
松露的香氣完美交融。

星鰻適合搭配紅酒。為了搭配松
露的香氣，這裡挑選了奢華且優
雅的勃艮第的Domaine Olivier
的PINOT NOIR。不會太澀，有
著優雅的酸味和礦物質的鮮味，
搭配得剛剛好。

油封鱈魚　佐百里香起司醬

接到訂單才開始進行低溫油煮，把鱈魚和番茄製成油封。油裡面加了檸檬皮，底下先鋪上廚房紙巾，再把鱈魚放入。藉此避免底火直接接觸，讓火侯變得更加溫和且平均，即便僅有短時間，依然能夠烹製出濕潤口感。醬汁刻意使用起司外側的皮，也是另一種巧思。青綠色的蠶豆和甜豆點綴出春天氛圍。

▶鱈魚

肉質軟嫩且容易鬆散的鱈魚，先進行鹽漬，然後再製作成油封。會視魚肉的厚度，進一步撒鹽。

材料〈1盤份〉

油封鱈魚
　鱈魚（魚塊）…100g
　鹽巴…適量
　番茄（切片）…1片
　檸檬皮…適量
　橄欖油…400g
百里香起司醬
　牛乳…200g
　DEDE' LODIGIANO起司
　塊…20g
　百里香…適量
　白高湯＊…100g
毛豆、甜豆、蠶豆、菜豆＊
　…各適量
＊分別用鹽水烹煮。
EXV.橄欖油…適量

┃白高湯

雞骨頭…2kg
雞翅膀…2kg
洋蔥…3個
胡蘿蔔…2條
西洋芹…3支
蒜頭…2株
百里香…10支
月桂葉…3片
把材料混在一起熬煮，過濾。可以預先備料製作，冷凍保存。將使用的份量半解凍備用。

作法

1. 在鱈魚的兩面撒上少許鹽巴。番茄將蒂頭挖掉，切成薄片後，撒鹽。

2. 在鍋底鋪上廚房紙巾，把1的鱈魚魚皮朝上，放在廚房紙巾上面，加入番茄、檸檬皮，加入幾乎淹過食材的橄欖油加熱。維持60～70℃，不要煮沸，大約加熱10分鐘左右。

Point

不預先製作，接到訂單之後才開始製作的油封。低溫烹煮，讓檸檬香氣慢慢滲入。如果採用高溫，鱈魚肉就會鬆散，所以要維持低溫。

3. 製作百里香起司醬。起司使用DEDE' LODIGIANO起司塊的外皮部分。把牛乳和起司、百里香、白高湯放進鍋裡加熱。

Point

起司拼盤上不能使用的外皮部分也能加以運用，溶入醬汁之後，風味格外特別。

4. 3的醬汁熬煮至份量剩下1/3～1/4之後，用濾網過濾，用手持攪拌器攪拌成柔滑狀。

5. 把毛豆、甜豆、蠶豆、菜豆等配菜快速香煎。

6. 把油封的番茄和鱈魚取出，放在廚房紙巾上面，把油瀝乾，裝盤。用瓦斯噴槍炙燒鱈魚的魚皮，增添香氣，再隨附上5的配菜，淋上4的醬汁。最後淋上EXV.橄欖油。

馬頭魚立鱗燒
賽特魚湯

普羅旺斯的名產料理之一，因為沒有加番紅花，所以又被稱為白色的馬賽魚湯。添加白肉魚的雜碎魚肉和魚骨、米雷普瓦、香辛料、白酒，製作成濃醇高湯。再搭配上魚鱗酥脆的馬頭魚和文蛤，就成了十足豐盛的魚料理。除了馬頭魚之外，有時也會使用鯛魚或棘角魚。

▶馬頭魚

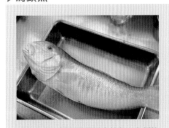

形象高級，價格變動很大的魚。在價格低廉的時候採購，納入菜單。為了運用魚鱗的酥脆口感，大部分都是採用煎烤。頭或中骨等部位也可以用來熱湯。

備料

1. 不把魚鱗刮掉，用水快速沖洗。菜刀從鰓蓋部分切入，把頭切掉。頭和鰓蓋用來熱湯（賽特魚湯）。

2. 切開腹部，取出內臟，用流動的水把血合肉或髒汙沖洗乾淨。把水分擦乾，切開魚肉，削除腹骨，用拔刺夾拔掉小刺。

3. 撒上重量1%左右的鹽巴，放進冰箱進行鹽漬。

烹調 & 擺盤

〈材料〉1盤份
　賽特魚湯（→p.198）…100g
　大蒜蛋黃醬＊…4g
　馬頭魚…100g
　橄欖油…適量
　文蛤（酒蒸）…2個
　北魷身體…2塊
　北魷腳…1條
　花椰菜苗…1支
　平葉洋香菜（細末）…適量
　EXV.橄欖油…適量

▌大蒜蛋黃醬

　蛋黃…1個
　蒜頭（蒜泥）…1/2瓣
　檸檬汁…2～3滴
　白酒…2～3滴
　橄欖油…20g
在蛋黃裡面加入蒜泥、檸檬汁、白酒混拌，逐次加入橄欖油，讓材料逐漸乳化。

1. 把大蒜蛋黃醬倒進賽特魚湯裡面，充分混拌。

2. 擦乾馬頭魚的水分，用手把魚鱗剝成翹曲狀。

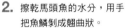

Point

透過這個小動作，就可以讓立鱗變得更漂亮。

3. 把較多的橄欖油倒進平底鍋，加熱至冒煙程度，從馬頭魚的魚鱗開始油煎。

Point

用高溫的油煎炸，讓魚鱗變得酥脆。

4. 把1加熱，加入文蛤。

5. 用另一個平底鍋加熱橄欖油，放入北魷身體和腳、花椰菜苗煎煮。

6. 暫時把3的火調大，把馬頭魚翻面，馬上關火，利用餘熱讓魚肉熟透。

7. 把文蛤、北魷、花椰菜苗裝盤，倒入4的賽特魚湯，把馬頭魚放在最上面。撒上平葉洋香菜，淋上EXV.橄欖油。

材料 〈備料量〉

▌賽特魚湯

魚的雜碎魚肉和魚骨…5kg
橄欖油…適量
蒜頭（切對半）…1株
洋蔥（薄片）…3個
西洋芹（薄片）…4支
韭蔥（薄片）…適量
芫荽籽…15顆
孜然籽…1撮
白酒…適量
利口酒…適量
水…適量
百里香、月桂葉…各適量

作法

1. 處理白肉魚時所剩下的頭或中骨等雜碎魚肉和魚骨，把魚鰓拿掉，冷凍備用。累積到一定程度後，製作成高湯。

Point

韭蔥使用頭部綠色的部分，白色部分使用於料理。

2. 把橄欖油和蒜頭放進外輪鍋加熱，產生香氣後，把洋蔥、西洋芹、韭蔥放入，用大火拌炒。變軟後，加入芫荽籽、孜然籽。

3. 產生香氣後，加入雜碎魚肉和魚骨拌炒。一邊用木鏟搗碎，一邊拌炒直到水分消失。

4. 水分消失，雜碎魚肉和魚骨變得支離破碎後，加入利口酒和白酒調和，稍微讓酒精揮發後，加入淹過食材的水。加入百里香和月桂葉煮沸。

5. 煮沸後，關小火，一邊撈除浮渣，熬煮2小時左右。

6. 用過濾器把雜碎魚肉和魚骨濾掉，留下高湯。

和賽特魚湯同樣出自普羅旺斯的白酒，與海鮮的同調性較高的Vermentino品種。搭配料理的紅酒不受限於理論，而是一邊試吃一邊決定方向性。

テンキ

YOSHIDA HOUSE

Fresh Seafood Bistro SARU

yerite

mille

La gueule de bois

PEZ

Umbilical

BISTRO-CONFL.

亞洲人氣麵料理

定價 420 元　19x 25.7 cm　420 頁　彩色

鮮美餛飩漂浮在清爽蛋麵湯的港式雲吞麵 、
辛香料搭配中藥熬煮帶骨豬五花肉的肉骨茶麵、
麻辣味＋黑醋酸讓人一吃難忘的重慶酸辣粉……

18 家熱門旺店，31 道人氣麵食，
是開店創業的最佳參考菜單，
也是麵食控最愛的美味食譜！

燒肉料理技術與開店菜單

定價 600 元　18.2x25.7cm　224 頁　彩色

能占有一席之地的燒肉店，可不是把肉切好端上桌就能獲
得成功的！
生意繁盛的祕訣、讓客人意猶未盡的關鍵，
全部都蘊藏在專業職人經驗與技術所凝聚而成的料理之中。
探訪 56 間別具特色的店家、蒐羅 271 道融入各式巧思的燒
肉料理相關餐點，遍覽各地店家的實務經驗，重新發掘燒
肉的全新可能！

居酒屋・餐酒館・酒吧　關東煮料理

定價 480 元　18.2x25.7 cm　200 頁　彩色

你只有在便利商店吃過關東煮嗎？

傳統 x 創新・新世代的關東煮
10 間人氣餐廳的 100 道關東煮料理
暖呼呼擄獲你的心

微醺最美！調酒師嚴選低酒精調酒＆飲品

定價 550 元　19x 25.7 cm　176 頁　彩色

不再追求「不醉不歸」，
新世代飲酒特色是「微醺最美！」

「低酒精」調酒和飲品橫空出世，
享受飲酒的氛圍又減少身體的負擔，
是擔心不勝酒力者的最佳選擇！

本書請來 14 位專業調酒師為您特調！
精心獨創的配方，將低酒精的特色發揮得淋漓盡致！

獻給餐飲店的飲料客製技法

定價 450 元　18.2x 25.7 cm　128 頁　彩色

獻給餐飲店的飲料第二彈！

日本飲料專業職人團體「香飲家」成員
帶你進一步探討軟性飲品的無限可能性，
組合「84」道適合不同顧客群的飲品，
從材料選擇的訣竅，到各種原創飲品的做法
一起來學習製作飲品的相關知識吧！

獻給餐飲店的飲料特調課程

定價 450 元　18.2x 25.7 cm　128 頁　彩色

從經典款到變化型
追求飲品調製的嶄新可能性
從風味、外觀、搭配的靈活性都一應具全
洋溢視覺、嗅覺、味覺等多層次的魅力
無論是什麼樣的場合，都能找到為情境增色的飲料品項

日本飲料專業職人團體「香飲家」成員將多年經驗與研究成
果，集結出最適合用於店鋪餐點的「82」道嚴選飲料食譜

瑞昇文化
官網

瑞昇文化
粉絲頁

瑞昇文化
Instagram

＊書籍定價以書本封底條碼為準＊
購書優惠服務請洽：
TEL｜02-29453191
Email｜deepblue@rising-books.com.tw

TITLE

人氣餐酒館　海鮮料理烹調絕技

STAFF

ORIGINAL JAPANESE EDITION STAFF

出版	瑞昇文化事業股份有限公司
編著	旭屋出版編集部
譯者	羅淑慧

デザイン	1108GRAPHICS
構成・編集	駒井麻子
撮影	後藤弘行（旭屋出版）／キミヒロ
編集	北浦岳朗

創辦人/董事長	駱東墻
CEO/行銷	陳冠偉
總編輯	郭湘齡
責任編輯	張聿雯
文字編輯	徐承義
美術編輯	謝彥如
國際版權	駱念德　張聿雯

排版	二次方數位設計 翁慧玲
製版	印研科技有限公司
印刷	桂林彩色印刷股份有限公司

法律顧問	立勤國際法律事務所　黃沛聲律師
戶名	瑞昇文化事業股份有限公司
劃撥帳號	19598343
地址	新北市中和區景平路464巷2弄1-4號
電話/傳真	(02)2945-3191 / (02)2945-3190
網址	www.rising-books.com.tw
Mail	deepblue@rising-books.com.tw
港澳總經銷	泛華發行代理有限公司

初版日期	2024年8月
定價	NT$480／HK$150

國家圖書館出版品預行編目資料

人氣餐酒館 海鮮料理烹調絕技 / 旭屋出版編
集部編著；羅淑慧譯. -- 初版. -- 新北市：瑞昇
文化事業股份有限公司, 2024.08
208面 ;18.2X25.7公分
ISBN 978-986-401-762-1(平裝)

1.CST: 海鮮食譜 2.CST: 烹飪

427.25　　　　　　　　　113010293